城市绿色智慧物流

王喜富 刘全明 著

电子工业出版社
Publishing House of Electronics Industry
北京·BEIJING

内 容 简 介

本书依据绿色智慧物流技术及其基础理论，结合我国城市物流行业发展和智慧物流运营需求，从城市绿色智慧物流的经济特性与价值发现、城市绿色智慧物流的实施与推广和城市绿色智慧物流的运营及商业模式等角度出发，从业务、管理及运营三个层面研究了城市绿色智慧物流的实现及应用。本书提出了城市绿色智慧物流的概念、内涵及实施框架，分析了城市绿色智慧物流的经济特性及应用推广价值，提出了电动物流车取代燃油车的绿色物流运营模式，研究了电动物流车应用的业务模式及商业模式，设计了智慧物流信息平台、运营框架及其运营模式，提出了我国城市物流行业应用新兴电动汽车及联盟租赁技术的基础与实施条件、城市物流智慧化管控模式，为城市物流行业实现智慧化、绿色化、数据化奠定了基础。

本书结构合理、层次清晰、图文并茂、实用性强，将基础理论、关键技术与实际应用及运营管理紧密结合，有助于推动城市物流产业的发展。本书可作为高等学校物流、信息技术、城市管理专业的本科生、研究生的参考教材，也适合作为物流、信息技术、城市管理相关专业从业人员及管理者的重要参考书。

未经许可，不得以任何方式复制或抄袭本书之部分或全部内容。

版权所有，侵权必究。

图书在版编目（CIP）数据

城市绿色智慧物流 / 王喜富，刘全明著．—北京：电子工业出版社，2018.1
ISBN 978-7-121-33417-7

Ⅰ．①城⋯　Ⅱ．①王⋯②刘⋯　Ⅲ．①物流管理—研究—中国　Ⅳ．①F259.221

中国版本图书馆 CIP 数据核字（2018）第 002199 号

策划编辑：徐蔷薇
责任编辑：徐蔷薇　　特约编辑：劳嫦娟
印　　刷：北京盛通商印快线网络科技有限公司
装　　订：北京盛通商印快线网络科技有限公司
出版发行：电子工业出版社
　　　　　北京市海淀区万寿路 173 信箱　　邮编：100036
开　　本：720×1000　1/16　印张：11.75　字数：230 千字
版　　次：2018 年 1 月第 1 版
印　　次：2022 年 4 月第 6 次印刷
定　　价：81.00 元

凡所购买电子工业出版社图书有缺损问题，请向购买书店调换。若书店售缺，请与本社发行部联系，联系及邮购电话：(010) 88254888，88258888。

质量投诉请发邮件至 zlts@phei.com.cn，盗版侵权举报请发邮件至 dbqq@phei.com.cn。
本书咨询联系方式：xuqw@phei.com.cn。

FOREWORD 前言

　　随着我国城市化进程的加快,城市物流需求增长迅速,但城市物流行业仍存在诸多亟须解决的问题,包括城市物流环境问题、智慧化技术应用问题、城市物流的运营与发展模式问题及如何降低成本提高效率等。近年来,互联网+物流成为国家发展战略之一,互联网+物流技术尤其是大数据和云计算技术的广泛应用成为热点与趋势。传统城市物流业开始向现代城市物流业转型升级,城市绿色智慧物流应运而生。可以说,智慧物流是在物联网、大数据、移动互联网、云计算和人工智能等技术应用的基础上,为满足物流业自身发展的内在要求而产生的物流智慧化结果。由于数据贯穿于整个物流过程,是物流过程智能化的重要部分,根据现有的数据分析方法与规律,通过大数据进行智能化、决策化的管理与控制,有利于实时掌控城市物流业务环节的全面大数据,提高城市物流的运营效率,因此研究城市绿色智慧物流领域的业务应用,有助于推进物流产业的发展,为我国物流行业迈入更高层级奠定坚实基础。

　　近年来,我国城市物流快速发展,在提升城市功能、促进城市发展等方面发挥了重要推动作用。但由此带来对城市环境的影响却不容忽视,如今城市物流运输和配送带来的噪声污染、废气污染、交通拥挤和交通安全等问题日趋严重,已经影响到人们的生活质量和区域经济的协调发展。因此,在发展现代物流过程中如何降低城市物流对环境的负面影响,促进城市物流向绿色智慧物流转型发展,已经成为政府、企业、研究机构及普通民众所关注的热点之一。城市物流是城市经济快速、高效发展的必然要求,发展城市绿色智慧物流有利于城市综合水平的提高及城市居民生活水平的提高,促进城市交通运输系统的改善。在城市发展及城市环境现状的要求下,城市物流正在以环境友好、最低耗能、最少费用、最佳服务为目标,向绿色化、信息化、智能化、智慧化的方向发展。因此,本书对城市绿色智慧物流的定义是"以提高城市物流系统运行效率和降低城市物流活动对环境影响为目的，以绿色化技术、协同化技术、智慧化技术为支撑，提升城市物流的基础设施、运营管理及资源利用水平，保证城市物流各环节的无缝衔接及智慧化管理，实现城市物流全过程自主可控，最终达到城市物流高效性、可持续性、自适应性的目标"。

城市物流业既是城市化发展的支撑要素，也是城市化发展的催化剂。城市物流的智慧化可以促进城市产业结构的优化，城市物流的绿色化发展对于改善城市发展环境，实现城市产业可持续发展也具有重要作用。本书分析了城市绿色智慧物流的发展环境，明确了目标市场，开展了市场分析，摸清了市场需求，建立了市场形态，并给出其在优化城市绿色智慧物流产业等方面的作用及价值；通过研究城市绿色智慧物流发展技术，结合城市绿色智慧物流实现的途径，提出了以建设电动物流车租赁信息平台为实现城市绿色智慧物流的最终方式；以电动物流车融资租赁为着力点，以信息平台作为业务开展媒介，创新发展"互联网+电动物流车租赁"运营模式；结合电动物流车租赁平台的企业主导协同合作运营模式，以"需求导向，协同规划，政府引导，企业运作，逐步完善"为原则，对电动物流车租赁平台的商业模式与经营方案进行设计；涉及经济、社会、生态等各个方面，对城市绿色智慧物流的综合效益进行了详细分析。

在本书撰稿过程中，参考了大量的文献，在此谨向相关文献的作者表示衷心的感谢！同时作者多次到相关城市物流企业进行调研，综合了众多行业技术人员和领域专家的意见，在此向相关企业领导和专家表示衷心的感谢！参加本书撰稿的还有张文瀛、代鲁峰、郭周祥、龙莹婷、马云鹤、牛伟、付志强、翁祥建、马骏驰、杨柳、蒋佳锞等。

由于作者水平及时间有限，加上现代物流技术及物流产业发展迅速，相关技术和管理理念不断更新，书中难免有疏漏和不足之处，敬请读者批评指正。

作　者

2017 年 10 月

于北京交通大学

CONTENTS 目录

第1章 城市绿色智慧物流内涵及发展趋势 …… 1

1.1 城市物流发展现状及趋势 …… 1
1.1.1 城市物流的内涵 …… 1
1.1.2 城市物流发现问题及趋势分析 …… 6

1.2 城市绿色智慧物流内涵 …… 9

1.3 城市绿色智慧物流发展现状及存在问题 …… 10
1.3.1 国外城市绿色智慧物流发展现状 …… 11
1.3.2 我国城市绿色智慧物流发展现状及问题 …… 14

1.4 我国城市绿色智慧物流发展趋势 …… 18
1.4.1 智慧化 …… 18
1.4.2 绿色化 …… 19
1.4.3 规模化 …… 19
1.4.4 优质化 …… 19

参考文献 …… 19

第2章 城市绿色智慧物流发展需求及价值分析 …… 21

2.1 城市绿色智慧物流发展环境分析 …… 21
2.1.1 内部环境分析 …… 22
2.1.2 外部环境分析 …… 24
2.1.3 科技环境分析 …… 27
2.1.4 环保趋势分析 …… 28

2.2 城市绿色智慧物流发展需求分析 …… 29

  2.2.1 政府需求分析 30
  2.2.2 企业需求分析 31
  2.2.3 社会需求分析 32
  2.2.4 市场需求分析 33
  2.2.5 资源整合需求分析 34
 2.3 城市绿色智慧物流市场分析 35
  2.3.1 市场潜力分析 36
  2.3.2 市场产品分析 41
  2.3.3 市场政策分析 45
 2.4 城市绿色智慧物流价值分析 47
  2.4.1 城市绿色智慧物流的价值内涵 48
  2.4.2 基于物流价值链的概念分析 48
  2.4.3 基于价值链的城市绿色智慧物流系统分析 49
  2.4.4 城市绿色智慧物流总体价值分析 52
 参考文献 53

第3章 城市绿色智慧物流经济特性及实现途径 55

 3.1 城市绿色智慧物流经济特性分析 55
  3.1.1 市场规模与发展速度 56
  3.1.2 服务对象 57
  3.1.3 资源整合 57
  3.1.4 规模经济 58
  3.1.5 边际成本控制 59
 3.2 城市绿色智慧物流发展要素分析 59
  3.2.1 初期阶段城市绿色智慧物流构成要素 60
  3.2.2 发展阶段城市绿色智慧物流构成要素 62
  3.2.3 成熟阶段城市绿色智慧物流构成要素 63
 3.3 城市绿色智慧物流发展技术研究 65
  3.3.1 智慧化技术 66
  3.3.2 绿色化技术 68
 3.4 城市绿色智慧物流实现途径 69
  3.4.1 城市绿色智慧物流体系构建途径 70

3.4.2 电动物流车租赁信息平台 …………………………………… 71
参考文献 …………………………………………………………………… 73

第4章 电动物流车租赁信息平台规划 …………………………………… 75

4.1 平台建设需求分析 …………………………………………………… 75
4.1.1 用户需求分析 …………………………………………………… 77
4.1.2 功能需求 ………………………………………………………… 80
4.1.3 技术需求 ………………………………………………………… 84
4.1.4 非功能需求分析 ………………………………………………… 89

4.2 平台业务体系及流程分析 …………………………………………… 90
4.2.1 业务体系分析 …………………………………………………… 90
4.2.2 业务流程分析 …………………………………………………… 91

4.3 平台建设功能及战略分析 …………………………………………… 95
4.3.1 总体目标与指导思想 …………………………………………… 95
4.3.2 功能分析 ………………………………………………………… 96
4.3.3 平台建设战略 …………………………………………………… 98

4.4 平台总体架构设计 …………………………………………………… 99
4.4.1 基础环境层 ……………………………………………………… 101
4.4.2 应用支撑层 ……………………………………………………… 101
4.4.3 业务应用层 ……………………………………………………… 102
4.4.4 智能决策层 ……………………………………………………… 103

4.5 平台应用系统设计 …………………………………………………… 103
4.5.1 电动物流车销售与展示系统 …………………………………… 104
4.5.2 融资租赁管理系统 ……………………………………………… 105
4.5.3 电动物流车综合管控系统 ……………………………………… 106
4.5.4 电动物流车维修管理系统 ……………………………………… 107
4.5.5 客户管理系统 …………………………………………………… 108
4.5.6 统计分析系统 …………………………………………………… 109
4.5.7 大数据应用服务系统 …………………………………………… 110

参考文献 …………………………………………………………………… 111

第 5 章　电动物流车租赁平台商业模式及经营方案设计……112

5.1　电动物流车租赁平台市场定位…………………………112
5.1.1　融资租赁板块……………………………………113
5.1.2　业务协作板块……………………………………114
5.1.3　绿色物流板块……………………………………114
5.1.4　智慧物流板块……………………………………115

5.2　电动物流车租赁平台各相关利益主体分析……………115
5.2.1　政府层……………………………………………116
5.2.2　企业层……………………………………………117
5.2.3　运营层……………………………………………118

5.3　电动物流车租赁平台运营机制设计……………………118
5.3.1　政府部门与第三方运营公司……………………119
5.3.2　城市物流企业与第三方运营公司………………119
5.3.3　电动物流车生产商与第三方运营公司…………120
5.3.4　金融机构与第三方运营公司……………………120

5.4　电动物流车租赁平台商业模式设计……………………120
5.4.1　租赁业务流程设计………………………………121
5.4.2　经营模式设计……………………………………122
5.4.3　盈利模式设计……………………………………124

5.5　电动物流车租赁平台市场推广方案研究………………127

参考文献……………………………………………………………130

第 6 章　城市绿色智慧物流综合效益分析……………………131

6.1　总体效果分析……………………………………………131
6.1.1　优势分析…………………………………………132
6.1.2　综合效益评价指标………………………………133

6.2　经济效益评估……………………………………………136
6.2.1　投资估算…………………………………………137
6.2.2　财务评价…………………………………………142
6.2.3　融资方案…………………………………………146
6.2.4　产业带动效益……………………………………152

  6.3 社会效益评估 …………………………………………………… 153
    6.3.1 环境效益 ……………………………………………… 155
    6.3.2 应用效益 ……………………………………………… 158
    6.3.3 总体社会效益分析 …………………………………… 159
  参考文献 ………………………………………………………………… 160

第 7 章　城市绿色智慧物流发展政策研究 ………………………… 162

  7.1 城市绿色智慧物流相关政策现状分析 ………………………… 162
    7.1.1 城市绿色智慧物流发展政策环境 …………………… 163
    7.1.2 城市绿色智慧物流现行政策 ………………………… 166
    7.1.3 国家配套政策设想 …………………………………… 168
  7.2 国外政策案例分析 ……………………………………………… 169
    7.2.1 日本关于城市绿色智慧物流相关政策 ……………… 169
    7.2.2 欧洲关于城市绿色智慧物流相关政策 ……………… 171
  7.3 城市绿色智慧物流发展政策设想与建议 ……………………… 173
  参考文献 ………………………………………………………………… 176

第1章

城市绿色智慧物流内涵及发展趋势

城市绿色智慧物流是城市物流的新型发展模式,能够有效降低城市内部的物流活动对城市环境的影响,并且提高整个城市物流系统运行的效率,具有高效性、可持续性、自适应性、环保等特性。本章首先对城市物流的内涵进行分析,研究其发展现状及趋势,从而提出城市绿色智慧物流的概念,总结其在国内外的发展现状水平,并预测城市绿色智慧物流未来的发展趋势。

1.1 城市物流发展现状及趋势

城市物流是城市经济快速、高效发展的必然要求,发展城市物流有利于城市综合水平的提高及城市居民生活水平的提高,促进城市交通运输系统的改善。在城市发展及城市环境现状的要求下,城市物流正在以环境友好、最低耗能、最少费用、最佳服务为目标,向绿色化、信息化、智能化、智慧化的方向发展。本节对城市物流的内涵加以描述,详细介绍其框架结构和目前的发展现状及存在问题,并提出城市物流的发展趋势。

1.1.1 城市物流的内涵

城市的兴起和城市经济的发展是社会生产力和商品经济的产物,是生产力空间存在的重要形式,城市经济的发展是城市物流存在的条件。城市物流从空间结构上划分，可以分为城市内部物流与城市外部物流。本部分主要研究城市内部物流，它以城市为主体，服务于城市内部空间，是城市内部所有货物组织交换活动的区域性物流，满足于城市的需求，服务于城市生产、分配、交换、消费各个经济活动环节，是城市社会再生产得以实现的基本条件。

城市内部物流指为城市服务的物流，它服务于城市经济发展的需要，指物品在城市内部的实体流动，城市与外部区域的货物集散及城市废弃物清理的过程，并存在不同的模式、体系和存在形态。城市内部物流与城际物流和乡村物流有一定的区别。城市内部物流由物流园区、配送中心等专门物流组织进行，配送品类为商品和生活用品，方式以快递和配送为主，物资流动路径短、时间短、量大、品种多。而城际物流为干线运输，乡村物流则多用于农产品及农用物资的运输配送，并且有明显的季节性特点。

城市物流的服务体系、功能体系及设施设备体系构成了城市物流的基本框架，如图1-1所示。

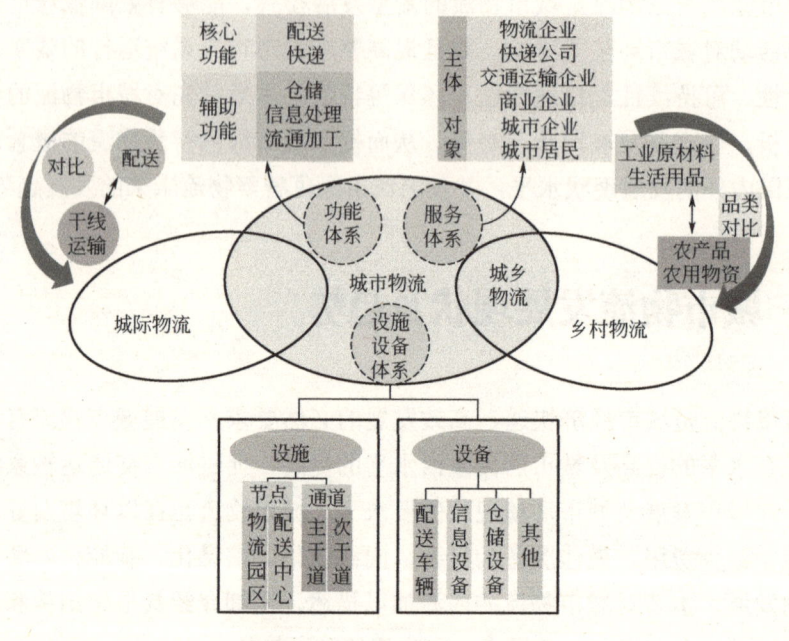

图1-1 城市物流的基本框架

1. 城市物流服务体系

城市物流服务体系主要包括服务主体和服务对象两个部分，服务主体针对城市内部服务对象的生产生活需求提供相应的物流服务。

1）服务主体

城市物流服务主体主要包括城市物流企业、快递公司、交通运输企业及商业企业等。城市物流企业从事运输代理、货物快递、仓储等业务，并按照客户物流需求对运输、储存、装卸、包装、流通加工和配送等基本功能进行组织和管理。快递公司主营城市内的快件配送服务。交通运输企业由于业务范围的拓展，也在逐步向专业的物流服务商方向转化。商业企业将仓储与运输配送结合，建立其自营物流，服务于城市。

（1）城市物流企业：城市物流企业指从事运输（含运输代理、货运快递）或仓储等业务，并能够按照客户物流需求对运输、储存、装卸、搬运、包装、流通加工、配送等进行组织和管理，具有与自身业务相适应的信息管理系统，实行独立核算、独立承担民事责任的经济组织。

（2）快递公司：快递公司是具有邮递功能的门对门物流活动所衍生出的服务类公司，它们通过铁路、公路和航空等运输方式，对客户货物进行快速投递。城市内快递企业按照资产所有制的不同主要分为三种类型：外资快递企业、国有快递企业和民营快递企业。

（3）交通运输企业：交通运输企业是指以营利为目的，提供基础设施服务、运输组织服务或使用载运工具提供旅客或货物运输服务的企业，还包括机场经营公司、公路经营公司等，它们在城市内的物流业务逐步向专业化方向发展。

（4）商业企业：商业企业是企业的一种形式，是专门从事商品交换活动和商业物流活动的营利性的经济组织。城市内商业企业众多，主要有超市、连锁店和餐馆等。

2）服务对象

城市物流服务于整个城市内部，其服务对象主要是城市居民和城市企业。针对不同的服务对象，城市物流提供不同的服务。对于城市居民，市民的生活、生产需求是物流服务的直接来源。对于城市企业，城市物流提供的服务也不相同，按照其经营方式和服务内容的不同，主要可以分为以下几类。

（1）工业企业：工业企业是指依法成立的，从事工业商品生产经营活动，经济上实行独立核算、自负盈亏，法律上具有法人资格的经济组织。对于工业企业，城市物流提供的主要服务是工业原材料及产品的运输配送。

（2）电子商务企业：电子商务企业是指通过网络进行生产、经营、销售和流通活动的企业，这类企业主要以电子方式，依托现代信息技术进行商务活动。城市物流为这类企业提供的主要服务是商品的运输、存储和配送等相关物流服务。

（3）商超：商超常简称超市，是指以顾客自选方式经营食品、家庭日用品为主的大型综合性零售商场，是许多国家特别是经济发达国家主要的商业零售组织形式。城市物流为商超提供百货商品的运输与配送服务。

（4）餐饮企业：餐饮企业是指以经营餐饮服务为主的企业，包括以餐饮为主的酒店、宾馆、纯餐饮酒楼、专业餐饮会所、快餐、小吃店等餐饮经营形式。城市物流构建了从原材料供应商到餐饮企业再到消费者的桥梁，为他们提供食物原材料的配送、快餐配送等服务。

2. 城市物流功能体系

城市物流具有配送、快递、仓储、信息处理、流通加工等功能，本书将城市物流的功能体系归为核心功能和辅助功能两类。城市物流的核心功能主要是配送和快递，城市物流的辅助功能则包括仓储、信息处理、包装和流通加工等。

1）核心功能

（1）配送：配送是城市物流的最终环节，集经营、服务、信息、库存、分拣、装卸搬运于一身。配送从客户需求出发，目的是在规定时效内将货物送达目的地，主要活动内容为货物运输和分拣配货，最终将货物以合理、经济的方式送达到客户手中。配送在实现城市物流功能本身的同时，也使得商流和物流紧密结合。

（2）快递：快递是兼有邮递功能的门对门物流活动，即指快递公司通过铁路、公路和空运等交通运输方式，对客户货物进行快速投递。除了较快送达目的地及必须签收外，很多快递企业均提供邮件追踪功能、送递时间的承诺及其他按客户需要提供的服务。

2）辅助功能

（1）仓储：仓储是城市物流的一个重要功能，通过仓库对商品与物品进行储存与保管，围绕着仓储实体活动，清晰准确的报表、单据账目、会计部门核算的准确信息也同时进行着，因此仓储是物流、信息流和单证流的合一。

（2）信息处理：信息处理是指对物流过程中产生的全部或部分信息进行采集、分类、传递、汇总、识别、跟踪、查询的一系列处理活动。信息处理实现了城市物流活动的信息化和全程监管。

(3)包装和流通加工：包装在城市物流过程中不仅起着保护产品、方便货物储运、促进商品销售的作用，还能提高商品的附加价值，满足客户个性化的物流需求，保证物品在物流活动中的完整性，是城市物流功能体系中不可或缺的部分。

3．城市物流设施设备体系

城市物流设施设备是开展各项物流活动和物流作业所必需的成套建筑及器物的总称，有助于支持城市物流功能的实现。城市物流设施设备体系分为城市物流设施和城市物流设备。

1）城市物流设施

城市物流设施是为物品生产和城市居民生活提供物流服务的公共设施，是城市物流赖以生存和发展的基础。城市物流设施主要分为节点和通道，全部的物流活动都是在节点和通道上进行的。

(1) 节点：城市物流节点是城市物流网络中连接物流路线的节点之处，包括物流园区、配送中心及配送末端的配送站、自提点等，具备物资中转、集散和储运的功能，城市物流的物品包装、装卸、分拣等都在节点上完成。

(2) 通道：城市物流通道是为了满足城市货物流动，以物流配送活动为依托，发挥短距离交通运输技术体系功能，加强城市经济区域内的重要物流节点、物流集散点和用户之间的物流联系而构建的物流通道。城市物流通道有主干道、次干道等，主要进行的活动是运输。

2）城市物流设备

城市物流设备是城市物流企业的主要作业工具之一，是城市物流系统中的物质基础，是实现城市物流的基本手段与有机组成。城市物流设备主要有配送车辆、信息设备和仓储设备等。

(1) 配送车辆：配送车辆是实现城市货物配送的基础，配送车辆的选择与使用对城市环境有很大影响。同时，配送车辆也需要合理、合法地配备及使用，路权和配送道路的条件至关重要。

(2) 信息设备：信息设备是在城市物流的各环节中，用于完成物流信息的采集、传输、处理和分析作业设备的总称，包括计算机、传感器、通信等硬件设施，是支撑城市物流信息化，实现智慧物流的基础。

(3) 仓储设备：仓储设备是现代仓库主体建筑进行仓储业务所需要的一

切设备、工具和用品，主要有装卸搬运设备、物料存储设备、计量设备、物料保管设备、通风照明设备及消防安全设备等，可满足储藏和保管物品的需求。

1.1.2　城市物流发现问题及趋势分析

  城市物流在其发展过程中，经历了由政府对城市或区域物流发展进行规划、布置和扶持，进而推动物流大发展的过程，改变了城市物流的运营模式及业务发展形态。如今，城市物流的目标不仅是在满足客户物流需求的情况下使物流成本费用最低，同时要考虑物流活动对环境的影响以及全过程的自主可控。综合来看，为了实现城市物流的可持续发展，降低城市物流对环境的危害，城市物流的发展趋势是绿色化、智慧化和协同化。城市物流发展现状及趋势如图 1-2 所示。

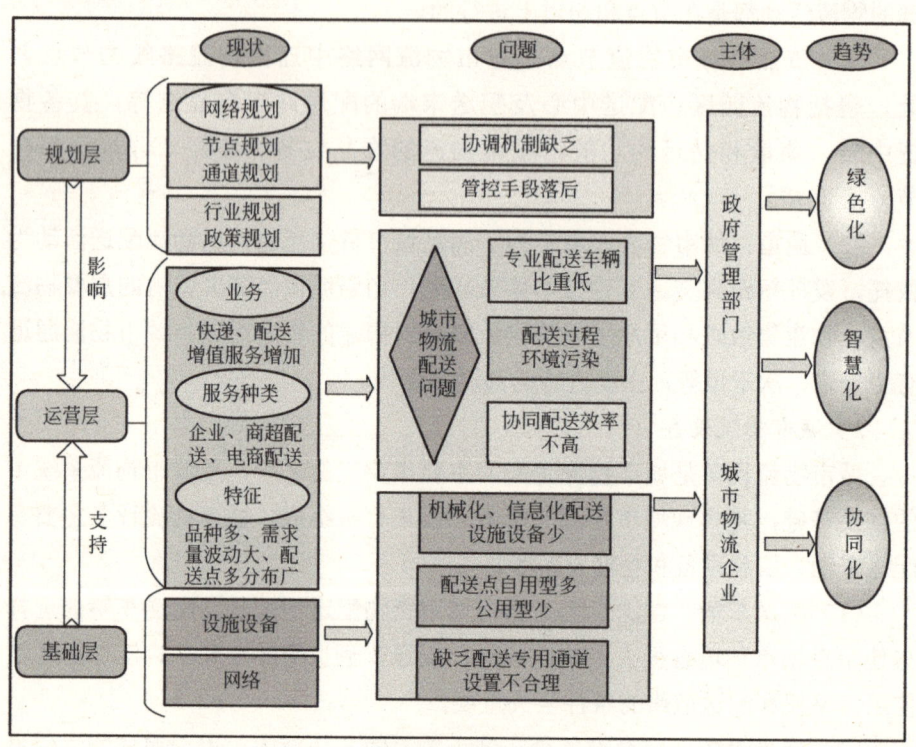

图 1-2　城市物流发展现状及趋势

  下面将分别从城市物流的规划层、运营层、基础层三个层面出发，总结城市物流的发展现状，提出目前城市物流存在的问题，并针对不同主体，描述其发展趋势。

1. 城市物流发展现状及问题

1) 城市物流规划层现状及问题

城市物流的规划层内容主要有网络规划（节点、通道规划）、行业规划和政策规划。城市物流活动涉及的管理部门众多，"条块分割"的规划管理，把物流的连续过程人为地分割，并归属不同部门所有，影响了城市物流的整体性、合理性和效率。在一个完整的城市配送活动中，往往受到不同部门的监督与管理，过多的部门涉入，造成了职能的交叉和浪费。运输工具也缺乏统一组织管理，导致重复运输、单程运输引起交通浪费现象，物流配送车辆的利用率低，车辆拥挤现象比较严重，加剧了噪声等社会公害。同时也存在相关的政策出台少，城市物流协调机制的缺乏和管控手段的落后等问题。

2) 城市物流运营层现状及问题

在城市物流运营层方面，城市范围不断扩大，使得城市物流的区域不断加大，客户的需求量不断加大，更有网上购物、商务活动及生活需求的多样化等原因，快递及配送增值服务的需求量不断增加，存在配送品种多、配送需求量波动大、配送需求点多面广的特征，导致合理化的城市配送组织难度加大。

目前，城市物流存在专业的配送车辆比重较低，协同配送效率不高，配送过程产生的环境污染较为严重等问题。数据显示，2014年我国影响空气质量的主要污染物，氮氧化物的排放量为2078万吨，而其中机动车的排放量为627.8万吨，所占比例为30.2%，在城市中这一比例更大，北京等大城市早已超过50%。

3) 城市物流基础层现状及问题

城市物流基础层主要包括设施设备和网络两方面。我国城市物流目前还缺乏统一的信息化技术标准及公共的信息数据共享平台，信息的低共享率导致城市物流的效率不高。物流配送点自用率过高，公用型普及率低，仓储利用效率低，设备闲置严重。城市配送通道设置少而且不合理，城市中道路通行限制限行多，配送运输通道不太畅通。此外，城市物流专业人才的缺乏，人才的培养落后于物流的发展，严重制约着城市物流的发展。

2. 城市物流发展趋势

在国际城市物流发展的大背景下，伴随着国家及地方的新型政策的引导和支持，以及近年来越来越严重的环境污染问题和人们的环境保护意识日益增强，我国城市物流发展趋于绿色化、智慧化和协同化。

1）绿色化趋势

城市物流的绿色化是以降低对环境的污染、减少资源消耗为目标，利用先进的物流技术规划和实施运输、仓储、装卸搬运、包装、流通加工、配送和信息处理等物流活动。

随着一系列关于绿色物流发展的政策文件陆续出台，绿色物流作为一种全新的物流形态发展势在必行。城市物流的绿色化发展能带来经济上的效益，降低物流成本，优化物流流程，提高物流效率。城市物流的绿色化带来城市的可持续发展，推进城市绿色物流发展，提升城市协同配送效率，减少城市货车尾气排放，成为城市物流发展新趋势。

2）智慧化趋势

城市物流的智慧化是利用集成智能化技术，使物流系统能模仿人的智能，具有思维、感知、学习、推理判断和自行解决物流中某些问题的能力。即在流通过程中获取信息，从而分析信息、做出决策，使商品从源头开始被实施跟踪管理，实现信息流快于实物流。

城市物流趋向于信息化、智慧化方向发展，应建立统一的物流公共服务平台，通过RFID、传感器、移动通信技术等实现信息数据共享，对城市物流进行智慧化管理，使配送货物自动化、信息化和网络化。城市物流智慧化可实现物流全过程的自主可控，提高了物流效率。

3）协同化趋势

城市物流的协同化是指城市物流的各服务主体通过互联网提供服务并协调所有的商务活动，以提高利润和绩效目标，构建系统最优的协同环境，使各服务主体共享城市物流的信息和资源。

城市物流的协同化具有网络经济的成本优势，是供应链管理的进一步发展。通过建立合作共赢的物流组织，出台协同化的企业优惠政策，规划建设城市物流中心，依托城市物流信息共享平台，推行城市物流标准化等手段，可推进城市物流协同化发展。协同化有利于打破单个企业的绩效界限，通过各合作主体之间的协调统一，创造出最适宜物流运行结构的战略。

1.2 城市绿色智慧物流内涵

城市绿色智慧物流能够在更大程度上有效解决城市发展带来的与环境有关的负面问题。在满足城市发展需求上，它比其他方式更有利于环境保护、节约资源，更快速、更安全、更高效地促进物资在城市的有效流动。本节主要描述了城市绿色智慧物流的发展过程及内涵，并分别从绿色化、智慧化两个层面分析其主要特性。

1. 城市绿色智慧物流的发展过程

本节从现代物流发展过程和城市物流发展过程两条路径，分别介绍城市绿色智慧物流在时间维度上的大致发展历程和重要、标志性事件，将两者进行对比，发现都趋向于绿色智慧物流的趋势发展。城市绿色智慧物流的起源及发展如图1-3所示。

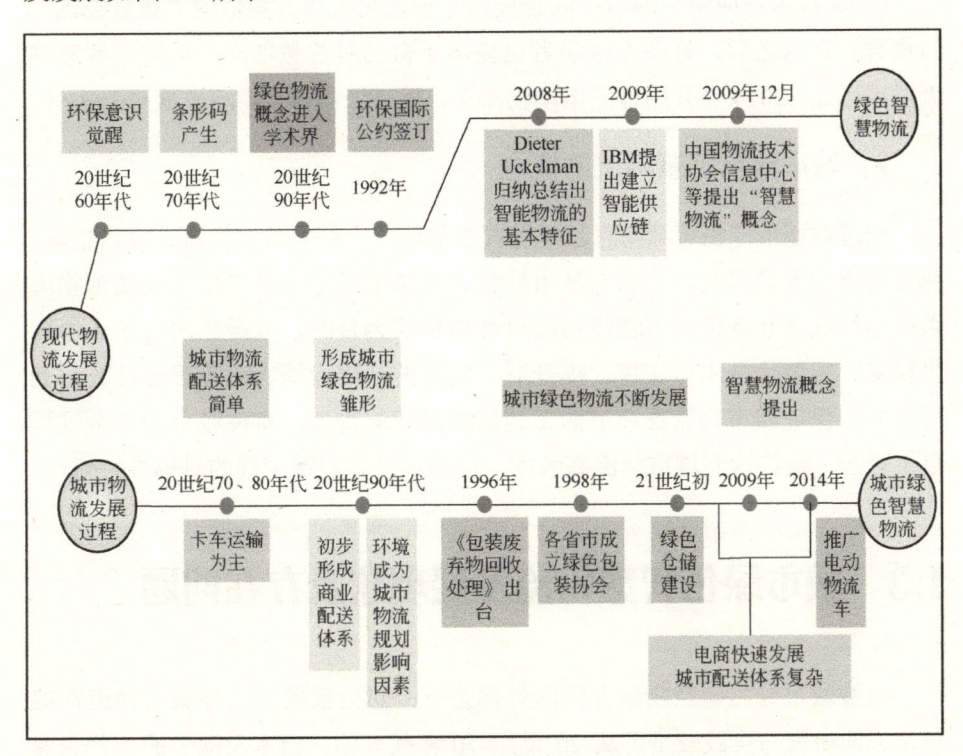

图1-3 城市绿色智慧物流的起源及发展

1）现代物流发展过程

20世纪60年代，随着环保意识的觉醒，人们开始有了绿色的概念，绿色消费运动的兴起，促进了绿色物流的发展。到20世纪90年代，绿色物流的概念进入学术界，从此开始正式研究绿色物流。1992年世界环境日确定，国际组织展开了许多环保方面的国际会议，签订了许多环保方面的国际公约与协定，在一定程度上为绿色物流发展铺平了道路。Dieter Uckelman于2008年归纳总结出智能物流的基本特征，2009年IBM提出了建立一个面向未来的具有先进、互联和智能三大特征的供应链，智慧物流随之产生。

2）城市物流发展过程

20世纪90年代，随着经济的发展，城市中的商业配送体系初步形成，城市绿色物流初具雏形，从此环境成为城市物流规划的影响因素之一。1996年《包装废弃物回收处理》条例出台之后，各省市陆续建立绿色包装协会等，城市绿色物流不断发展。2009年12月，中国物流技术协会信息中心、华夏物联网、《物流技术与应用》编辑部联合提出与智能物流极其相似的"智慧物流"的概念，在这之后，许多专家学者也提出了自己对智慧物流的见解，智慧物流发展迅速。2014年开始推广电动物流车，城市绿色智慧物流发展形势大好。

2. 城市绿色智慧物流的概念

通过对城市绿色智慧物流起源及发展的研究，结合城市物流、绿色物流、智慧物流的理论研究，本书对城市绿色智慧物流的定义是"以提高城市物流系统运行效率和降低城市物流活动对环境影响为目的，以绿色化技术、协同化技术、智慧化技术为支撑，提升城市物流的基础设施、运营管理及资源利用水平，保证城市物流各环节的无缝衔接及智能管理，实现城市物流全过程自主可控，最终达到城市物流高效性、可持续性、自适应性的目标"。

1.3 城市绿色智慧物流发展现状及存在问题

目前城市绿色智慧物流在国内外都是一个热门话题，国外城市物流在绿色化方面研究与实践较早，从20世纪70年代开始，日本及欧美的一些企业就开始城市绿色物流的探索，随后一些国家和地方政府颁布了一系列政策和标准体系类文件来支持城市绿色智慧物流的发展。

相较于国外，国内城市绿色智慧物流发展起步较晚。21世纪初，中国的少数快递企业开始采取试点推行共同配送、设立快递自提柜等方式降低快递末端配送对环境的影响，地方政府则通过政策性文件支持及政府企业合作试点的方式来推进物流的可持续发展。

本节将立足于国内外城市绿色智慧物流发展政策和技术现状，针对目前国内城市绿色智慧物流存在的问题及局限因素进行分析。

1.3.1 国外城市绿色智慧物流发展现状

目前，以绿色物流、智慧物流为代表的现代物流产业在国外已经有了较大的发展，美国、欧洲和日本等国家和地区已经成为绿色智慧物流产业发展的领头羊，市场规模巨大，相关技术处于国际一流水平。绿色智慧物流已经成为美国、欧洲和日本等国家和地区发展现代物流产业，保护生态环境，降低物流成本，推动产业升级的重要引擎和国民经济发展的重要支柱产业。

1. 美国城市绿色智慧物流发展现状

美国政府曾经发表《国家运输科技发展战略》，目的在于建立一个安全稳定、清洁和谐、国际化的标准运输体系，以实现城市绿色智慧物流综合化、智能化和对环境的危害最小化。

1）供应链管理绿色化

绿色供应链简单而言是用环保的理念设计出来的对环境友善的物品流通过程，该过程包括原材料从供应商出售、企业购买并进行生产、提供给分销商和零售商销售、到顾客消费、一直到使用后废弃物的回收、再加工利用的一个循环。在设计绿色供应链时的重点是要摒弃之前旧的理念和思路，引进和借鉴新的思想和观念，才能设计出合理的方案。西方一些国家在20世纪90年代便开始应用与供应链有关的理论，而后才用供应链作为研究出发点展开一次又一次大规模的关于绿色物流的研究，1996年"绿色供应链"的概念被提出。

2）提出环境保护新政策

20世纪60年代末，美国联邦政府针对环境保护出台了新的法令，第一次提出将污染处理转化为污染预防，首次推出"环境影响评价制度"，以改善环境保护发展方向。法令规定必须通过环境影响评价，才能进行一切联邦政府的立法建议或其他对人类环境有重大影响的联邦行动。21 世纪初，美国在其 2012—2025 年的《国家运输科技发展战略》中规定，交通产业结构或交通科技进步的总目标是"建立安全、高效、充足和可靠的运输系统，其范围是国际性的，形式是综合性的，特点是智能性的，性质是环境友善的"。

3）注重物流技术创新与应用

在技术应用上，美国物流企业在实际物流活动中，对物流的运输、配送、包装等环节应用诸多，如电子数据交换（EDI）、准时制生产（JIT）、配送规划、绿色包装等技术为物流活动的智能化、绿色化和协同化提供强有力的支持和保障；在物流信息系统领域应用智能运输系统、交通信息系统、拥堵管理系统、大众运输管理系统和安全管理系统等。其中，IBM 公司着手建设智慧物流产业园工程，已建设完成智慧物流云基础平台，且第一版面向物流企业的智慧物流管理系统已完成开发。

2. 欧洲城市绿色智慧物流发展现状

在欧洲，由欧盟牵头带动欧洲许多国家采取一系列城市绿色智慧物流措施，出台解决各个国家之间物流效率低下问题的政策，以提高资源利用率和保护环境为目标，期望构建一个制度标准、资源共享和通行常用的欧洲区域物流体系。

1）建立标准体系

欧洲建立了绿色物流标准体系，欧洲运输与物流业组织——欧洲货代组织（FFE）十分重视绿色物流的推进和发展，对运输、装卸、管理过程制定了相应的绿色标准及绿色物流发展规划，鼓励企业运用绿色物流的全新理念来经营物流活动，推动绿色物流新技术的研究和应用，如对运输规划进行研究，积极开发和试验绿色包装材料等。

2）发展逆向物流

逆向物流活动之所以能在欧洲企业顺利开展主要是因为有健全的法律法规作为其保障。欧洲制定了《标准回收法》，多个行业的多种产品都在此法中有明确回收规定，如家电、IT 类产品、电池、零部件等。2002 年，德意志政府出台了一项《旧汽车法》修正案，不论是汽车生产制造商还是进口商均被该法明确规定，要全力负责对报废和废弃的汽车进行回收并做后续处理，政府的工作则是负责回收在其他时期产生的废弃物。

3）加强对信息技术的重视

欧洲十分重视绿色包装立法方面的工作，因此在这方面处于世界领先水平。1990年年初，德国政府出台《包装废弃物处理》的法律政策来规范包装废弃物的处理方法。"PVC"盛装瓶在当时饮料界被普遍应用，为了推广绿色包装，提高绿色包装的利用率，德国政府出台了一系列相关法律政策强制将其改为"PEL"环保瓶，并且要求85%的瓶子要进行回收再利用。在技术应用方面主要是信息交换，欧洲采用EDI系统，在产品跟踪上应用射频标识技术，广泛采用互联网和物流服务方提供的软件等处理物流信息，实现城市物流智慧化和信息化。

3. 日本城市绿色智慧物流发展现状

在日本，城市绿色智慧物流的推行不仅仅是企业的事情，政府在其中也发挥着强有力的助推作用，日本政府非常重视绿色物流法规的制定和执行，直接对城市绿色智慧物流进行管理。

1）注重政策方针的引导

日本有很多城市绿色智慧物流相关政策，其物流政策的立足点之一就是按照《京都议定书》，制定和实行更加有效的环境保护政策，大幅度削减二氧化碳的排放，使物流企业真正履行社会责任。早在1989年日本就提出10年内三项绿色物流推进目标，即含氮化合物排出标准降低3成到6成，颗粒物排出降低6成以上，汽油中的硫成分降低1/10。1992年，日本政府公布《汽车CO_2限制法》，并规定允许企业使用的5种货车车型，同时在大都市特定区域内强制推行排污标准较低的货车允许行使的规制。1993年，除了部分货车外，日本政府要求企业必须承担更新旧车辆、使用新式符合环境标准的货车。日本政府还着手物流系统的技术升级，打造智慧物流。

2）重视回收物的作用和影响

日本政府以减少资源浪费和加强资源重复利用为出发点，针对逆向物流推出了一系列相关法令，如要求家电企业自主回收彩电、空调等家用电器，并于2001年出台《家电循环利用法》使之更加完善和规范。日本的啤酒生产企业——麒麟公司制定了一系列举措，推行高标准的环境保护指标，严格控制产品开发和技术改造，提倡资源回收利用、减轻有毒气体和液体排放，并参加各种慈善活动和环境保护活动，使得企业在实现效益的同时，也赢得了良好信用。

3）强调物流技术的应用

日本在条形码、信息交换接口等方面建立了一套比较实用的标准，使物流企业与客户、分包方、供应商更便于沟通和服务。物流软件融入格式、流程等方面的行业标准，为企业物流信息系统建设创造了良好环境。电子商务、互联网信息技术、电子标签、物流与供应链、无线电射频技术等新技术，以及电子数据交换（EDI）、全球卫星定位（GPS）等物流技术的应用，有效地解决了经济全球化带来的环境破坏和资源短缺、消费者对产品不满意等问题。

通过分析美国、欧盟、日本城市绿色智慧物流的现状可以看出，绿色智慧物流的演变和发展都经历了从注重利润逐渐过渡到经济发展和生态环境保护统一协调的过程。供应链发展也是从粗放型走向集约型，政府发挥带头作用，市场的自身调节和企业的积极配合，共同实现城市绿色智慧物流的发展。

1.3.2 我国城市绿色智慧物流发展现状及问题

智慧物流从2009年起开始在中国建设，目前为止尚未形成较大的规模；我国自主创新和产业支撑能力不强，物流设施设备的自动化、智能化程度以及物品管理的信息化水平与发达国家相比还有较大差距。本节分别从我国城市绿色智慧物流的政策环境现状、相关项目实施现状、技术应用现状以及社会环境现状几个方面概括其发展状况，并总结城市绿色智慧物流目前还存在的问题。

1. 我国城市绿色智慧物流发展现状

1）政策环境现状

（1）绿色物流政策

2013年，中国大部分地区爆发严重的雾霾，交通运输部同年印发《加快推进绿色循环低碳交通运输发展指导意见》，从绿色循环低碳交通基础设施建设、节能环保运输装备应用、集约高效运输组织体系建设、科技创新与信息化建设等方面提出推进交通运输行业转型发展和绿色发展的具体举措。城市绿色智慧物流得到物流业界全方位关注。

2014年，党中央和国务院出台有关节能降耗的重大政策，印发《交通运输部关于加快新能源汽车推广应用的实施意见》，提出完善购买新能源汽车的补贴政策，加大力度淘汰黄标车和老旧汽车等建议。同年，九大省市开始电动物流车推广计划，其中北京市出台的《北京市电动汽车推广应用行动计划（2014—2017年）》规定，北京市将全力推进末端物流电动化以适应电子商务快速发展的需要，聚焦末端物流配送，在邮政快递、电子商务末端物流等领域推广应用电动物流车。截至2014年年底，全国共建成780座充换电站、3.1万个交流充电桩，服务超过12万辆电动汽车，这一系列政策的实施为城市绿色智慧物流营造了良性的发展环境。

（2）智慧物流

我国在《关于推进物流信息化工作的指导意见》政策中，提出积极推进物联网、云计算等新技术在物流领域应用的建议，重点支持电子标志、自动识别、信息交换、智能交通、物流经营管理、移动信息服务、可视化服务和位置服务等先进适用技术的研发与应用。政策方面，2015年杭州市政府制定《杭州市建设全国智慧物流中心三年行动计划（2015—2017年）》，这是提出建设国家级智慧物流中心后的第一次尝试，对中国智慧物流建设具有重要意义。

2）相关项目实施现状

（1）绿色物流项目概况

2013年，交通运输部开展绿色循环低碳交通运输发展区域性试点，组织无锡等10个城市开展低碳交通城市区域性试点工作。2014年，交通运输部推进交通运输节能减排试点工作，组织开展江苏省、邯郸市等8个绿色交通区域性的试点。其中深圳绿色物流成效突出，持续多年开展港区节能减排工作，起重机"油改电"，港区内照明用LED节能灯，拖车"油改气"，全市推广LNG货车等措施有序实施。同年，北京等6个城市启动交通运输能耗监测试点工作，组织开展19个公路甩挂运输试点项目，绿色物流充满前景。

（2）智慧物流项目概况

近年来，我国物流公共信息平台建设的步伐正在加快，江西、黑龙江、吉林、浙江、上海、福建等省的物流公共信息平台已经运行或正在建设中，经过调研及学术论文阅览，目前全国40%的省（直辖市、自治区）的物流信息平台已投入运营。

我国一些地方政府在智慧城市的规划中，也将智慧物流作为先试先行的试点示范工程。2012年7月，宁波市将智慧物流作为智慧城市建设首批启动的 10 大重点项目之一，并被列入"智慧浙江"的 13 个示范试点项目之一。此外，企业层面对物流的投资热情也为智慧物流的发展提供了有效支撑，诸多电子商务、软件开发和现代物流等企业看到智慧物流良好的发展前景和巨大的发展潜力，积极投资参与智慧物流项目。

（3）技术应用现状

目前，以物联网、云计算、大数据等为代表的绿色、智慧技术也开始在我国广泛应用，并已经显现成效。我国新的物流信息系统大量采用 3G 通信技术。根据对物流信息化案例的不完全统计，采用互联网技术的占68%，采用局域网技术的占 63%，采用无线局域网技术的占 24%，有的系统采用多种网络技术。

国内一些优秀的物流企业在信息化建设方面已经开始走向业务流程信息化，借助信息化工具整合资源，实现流程协同和服务创新，WMS（仓库管理系统）、TMS（运输管理系统）等物流软件的应用日渐普及。在这一过程中，一些企业逐渐摸索和形成经验，开始关注整体的信息系统规划，制定符合自身发展的信息化战略。根据中国物联网应用市场结构调查显示，物流应用仅占相关产业规模的 3.4%。未来以智慧技术为代表的更高层面的物流产业应用还有巨大的发展空间。

（4）社会环境现状

随着环保意识的日益加强，民众在经济活动中对绿色环保，节能减排的要求逐渐增加，推动城市绿色智慧物流的发展。物流企业均十分关注绿色配送技术与装备发展，纷纷采购低油耗、清洁能源车辆。汽车企业逐步适应市场变化，陆续推出绿色货运装备（如电动物流车）来满足市场需求。

同时，由于我国绿色物流、智慧物流的理念形成不久，许多物流企业还没有完全建立发展绿色物流和智慧物流的概念，没有真正去承担社会责任，只是被动地适应时代环境的需要，象征性地开展一些相关工作。另外，物流企业缺乏既具有环保知识又具有物流知识的高素质复合型人才，相关技术的缺陷也限制了绿色智慧物流的发展。

2. 我国城市绿色智慧物流存在的问题

结合我国城市绿色智慧物流的发展现状，其存在的主要问题有：相关政策出台少；绿色物流方面的技术应用少，物流对城市环境及交通状况的负面影响依然很大；智慧物流信息技术应用广泛但并没有做到智慧化。

1）相关政策出台较少，项目的推广力度不是很大

中国自改革开放以来工业得到了长足发展，同时也不可避免地产生了一些环境污染问题，所以中国一直致力于环境污染的治理和相关法律政策的制定，以达到国际范围内规定的绿色标准。但从物流业的发展来看，中国并没有制定相应的措施来响应世界范围内绿色物流的号召。因为国家没有相关政策，对物流管理体制尚未形成有效监督，导致中国绿色物流的发展相对缓慢。

作为可持续发展的重要组成部分，绿色物流是减少资源消耗和保护环境的重要手段。促进绿色物流发展同政府宏观上的积极引导和政策扶持是分不开的。尽管中国近几年一直在制定、颁布环境污染方面的相关政策和法规，但没有对相关绿色物流政策进行引导、激励和监督，在减免税收、贷款优惠、污染费的征收方面也没有大力扶持。因此，要想推广绿色物流仅靠提高个别企业环保观念与责任意识是很难的，更需要政府的投入和参与。

2）绿色物流方面的技术不高，城市交通环境负面影响依然存在

国家政策对绿色物流的发展有显著影响，但是实施绿色物流的关键不仅要遵循相关的政策，更需要技术的保证与支持。目前，中国物流技术标准体系下的绿色物流还远未达到国际标准。中国在绿色物流方面的相关技术比较落后，仍停留在低水平的层次，相关信息技术的应用十分有限，直接导致中国绿色物流发展没有技术支撑。一方面，物流设施装备水平较低，运输工具的利用率低下，使城市物流的发展受到阻碍；另一方面，绿色物流技术不够成熟，技术安全性和能耗仍不能满足市场需求，导致物流资源的浪费，不利于提高物流的运行效率，技术上的弊端也不利于城市物流环境的改善。

3）智慧物流信息技术应用广泛，但并没有做到智慧化

目前，我国拥有信息系统的物流企业对智慧物流的投入很大，企业配备了各类信息传感、收集、传输和处理的设备，但是大部分企业的信息系统各自为政，难以实现整合资源，提供及时便捷服务的目标。信息技术的应用未能实现作业流程的智慧化，缺乏智能化的货物追踪系统、自动仓库管理系统、智慧运输管理系统等物流服务系统，物流信息资源整合能力尚未形成。条形码、射频识别、全球定位系统、地理信息系统、电子数据交换技术的应用不理想，多数企业物流设备落后，缺乏条形码自动识别系统、自动导向车系统、货物自动追踪系统，与国外的智慧物流相比，仍然存在差距。

1.4 我国城市绿色智慧物流发展趋势

为适应城市发展状况及环境的需求,城市绿色智慧物流需要建立相关的智慧物流系统、升级设施与装备、优化物流运营模式来提高物流运作效率,降低对环境的危害,使城市物流在完善的社会保障体系下,健康、快速发展。综合考虑城市绿色智慧物流的发展现状及其存在问题,总结其发展趋势主要有智慧化、绿色化、规模化及优质化四个发展方向,如图1-4所示。

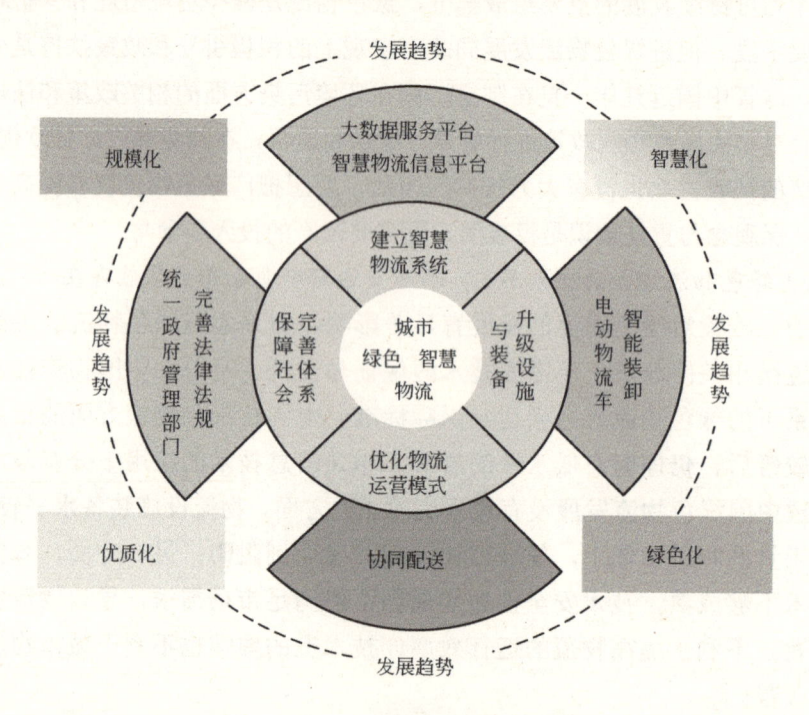

图1-4 城市绿色智慧物流发展趋势

1.4.1 智慧化

推动物流信息化标准体系建设,研究和制定物流信息技术、服务、编码、安全和管理标准,促进数据层、应用层和交换层等物流信息化标准的衔接,以公共物流信息平台为基础,建立完整的智慧物流信息平台。整个物流过程以信息技术为支撑,在物流活动的各个环节中实现系统感知、全面分析、及时反馈处理、及时自我调整修正的功能。此外,城市物流企业之间还可以共享基础设施、配套服务和信息，降低运营成本和费用支出，获得规模效益。保证物流全过程的高效性，与信息产业高度结合，智慧化是城市绿色智慧物流发展的必然趋势。

1.4.2 绿色化

随着政府政策方针的引导，以及人们对于环境的日益重视，城市绿色智慧物流必将向绿色化的方向发展。绿色化发展要求经济利益、社会利益、环境利益的统一和谐发展，具有高效性及可持续性。物流配送环节的绿色化，如协同配送、绿色配送设施（如电动物流车）的大力推广使用，可提高物流效率，有利于城市环境的改善。目前，我国电动物流车相关产业的市场规模初具雏形，充电基础设施达1500亿元，电池产业达2200亿元，电动汽车产业超过2万亿元，前景相当可观。

1.4.3 规模化

规模化发展是城市绿色智慧物流的发展趋势。在相关政策引导下，科学规划网点布局，优化整合物流流程，建设城市现代化物流中心。充分利用城市物流设施和基础建设齐全、消费集中而且需求量大、交通与信息发达的特点，建立现代物流中心，发展绿色智能运输，以此带动周边地区、中小城市和农村的繁荣发展，形成有机的物流网络体系。从整体上保证运输过程的绿色化、智能化、最优化和高效化，最大限度地提高人员、物资、资金、时间等资源的利用效率，取得最大化的经济效益。

1.4.4 优质化

基于客户需求更加多元化和物流产业不断升级，势必推进城市绿色智慧物流服务的优质化发展，以满足客户全方位的服务需求，即实现"5 Right"的服务——把好的产品在规定的时间、规定的地点，以适当的数量、合适的价格提供给客户将成为物流企业优质服务的共同标准。

参 考 文 献

[1] Eiichi Taniguchi. 城市物流：网络建模与智能交通系统[M]. 胡祥培，等译. 北京：电

子工业出版社，2011.

[2] 于爽，聂鼎昌. 城市绿色物流发展实证研究 [J]. 商业时代，2009（32）：18, 50.

[3] 车卉淳，赵娴. 北京绿色物流体系构建研究 [J]. 经济与管理研究，2011（1）：123-125.

[4] 张潜，吴汉波. 城市物流 [M]. 北京：北京大学出版社，2011.

[5] 汝宜红. 物流学导论 [M]. 北京：清华大学出版社，2004.

[6] 彭欣，陈思源. 现代城市物流规划的理论与实践研究 [M]. 北京：科学出版社，2012.

[7] 张军奎. 厦门市现代物流发展规划研究 [D]. 厦门大学，2001.

[8] 王长琼. 绿色物流的内涵、特征及其战略价值研究 [J]. 中国流通经济，2004（3）：13-15.

[9] 谢泗薪，王文峰. 绿色物流路径：物流绿色化改造的战略选择 [J]. 中国流通经济，2010，24（5）：15-18.

[10] 李丹丹. 绿色物流在发展循环经济中的地位与对策 [J]. 现代商贸工业，2016，37（26）：20.

[11] 董葆茗. 低碳经济与我国绿色物流的发展 [J]. 中国流通经济，2011，25（5）：33-37.

[12] 孙前进. 我国节点城市物流体系"十二五"发展规划与建设 [M]. 北京：中国财富出版社，2015.

[13] 高淮成. 现代物流理论与实践 [M]. 合肥：安徽人民出版社，2010.

[14] 徐秋栋. 现代物流规划理论与实践 [J]. 工业工程与管理，2005（6）：127.

[15] 阎明宇. 城市物流发展规划研究 [D]. 大连海事大学，2004.

[16] 耿兴荣. 城市物流发展规划的理论框架研究 [J]. 城市规划汇刊，2003（6）：86-90, 96.

[17] 马静. 物联网基础教程 [M]. 北京：清华大学出版社，2012.

[18] 章竟，汝宜红. 绿色物流 [M]. 北京：北京交通大学出版社，2014.

第 2 章
城市绿色智慧物流发展需求及价值分析

城市物流业既是城市化发展的支撑要素,也是城市化发展的催化剂。城市物流的智能化可以促进城市产业结构的优化,城市物流的绿色化发展对于改善城市环境,实现城市产业可持续发展也具有重要作用。本章分析了城市绿色智慧物流的发展环境,明确目标市场,开展市场分析,摸清市场需求,建立市场形态,并给出其在优化城市绿色智慧物流产业等方面的作用及价值。

2.1 城市绿色智慧物流发展环境分析

在当前环境下,城市物流的绿色智慧发展势在必行,本节从宏观环境及竞争条件下的态势分析出发,列举与城市绿色智慧物流发展密切相关的内部优势、劣势和外部政治环境、经济环境、社会环境及技术环境、环保趋势等内容,采用系统分析的思想,匹配分析各类因素,如图 2-1 所示,从中得出城市绿色智慧物流发展内外部环境现状,为后续方案设计提供决策性支持。

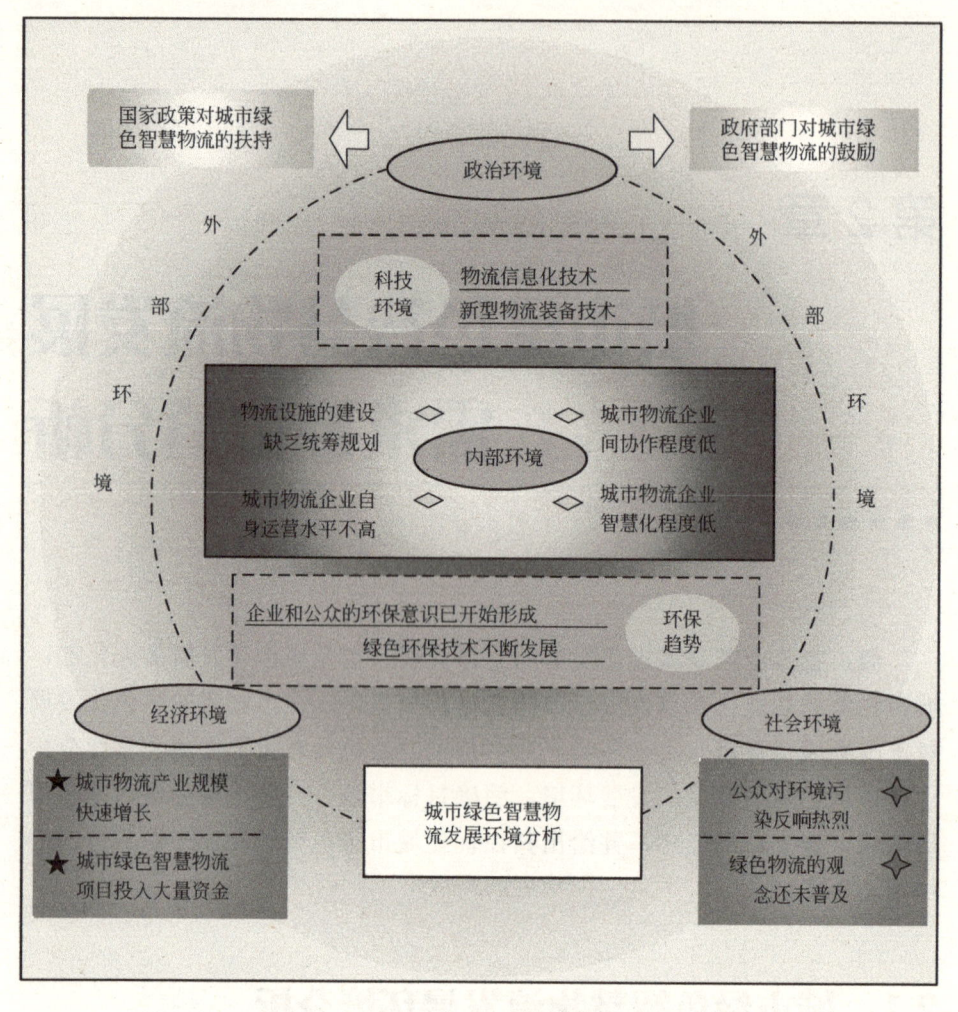

图 2-1　城市绿色智慧物流发展环境分析

2.1.1　内部环境分析

现代物流作为一种先进的组织方式和管理技术，被广泛认为是企业降低成本、提高利润、增强竞争优势的重要力量，城市则历来就是经济社会的中心和经济发展的骨干力量。分析城市内电商物流企业、商超配送企业、城市餐饮配送企业等第三方物流企业的发展现状，可以很好地掌握城市绿色智慧物流发展的内部环境，同时进一步确定推行城市物流绿色智慧化的重要性和必要性。

1. 物流设施的建设缺乏统筹规划

首先，与国外发达城市的物流基础设施相比，我国大部分城市的物流设施规模偏小、现代化水平低、功能少，建设任务繁重。目前国内城市已建、在建和拟建的物流基地、物流园区、物流中心项目很多，在已建成投入使用的物流中心中，有很大一部分是亏损经营的。这说明，我国城市物流设施的规划和建设带有一定的盲目性，存在重复建设，缺乏在更大范围的统筹规划。

其次，宏观规划不够系统。在中国，目前大多数城市已有的局部建设发展规划缺乏整体性和长远眼光。区域内的物流供需对接和区域物流联动平台缺乏整体发展规划，现有的基础设施规划多由某个行业或企业独立完成，处于分割状态，距离一体化、规模化的现代物流技术要求还有很大差距。在发展方式上，专业化物流、第三方物流发展差距较大，组织化、集约化程度依然较低；在发展后劲上，物流业运营成本不断增加，业内实体间物流服务价格竞争加剧，企业经营难度加大。

2. 城市物流企业自身运营水平不高

当前，城市物流正面临转型期，城市物流企业正经历从粗放式的管理模式过渡到精细化运作的阶段。但是，首先目前城市第三方物流企业的观念保守、管理手段落后、技术含量低。大多数物流企业是在过去的运输、仓储业基础上改造发展起来的，缺乏现代经营理念，且自身经营规模小、硬件和软件设施水平低，使城市物流经营处于低效率、高消耗的状态，满足不了城市绿色智慧化发展的需要。

其次，管理水平的落后。我国部分物流企业管理层的思想理念还未彻底转变，不能适应市场需要，导致物流企业的运输效率低下，大多数企业的货物实载率在50%以下，浪费大量的运输资源。

最后，企业规模较小。物流企业规模较小时，其运营成本会较高。据对美国不同规模物流企业运营成本的统计，年销售额在小于2亿美元、200亿~500亿美元、500亿~1250亿美元、1250亿美元以上的物流企业，其物流成本占销售额的比重分别为10.45%、8.73%、7.36%、3.4%。受传统的"大而全、小而全"模式影响，我国物流企业规模普遍较小，造成管理机构和管理人员的重复设置，无形中增加了管理成本。

3. 城市物流企业间协作程度低

大多物流企业服务项目主要集中在运输、配送、仓储、保险和报关等传统业务领域，由于受企业规模、专业化程度及资本构成等因素的影响，物流企业服务功能的扩张与创新受到制约，导致经营相同业务的物流企业间竞争异常激烈，行业内甚至出现低水平恶性竞争，企业彼此之间不愿沟通协作，物流资源整合困难，难以形成专业化分工明确、相互协作程度高的物流产业链，导致无法形成规模化效应，整体服务水平不高。

行业的恶性化竞争，加之城市物流信息化程度很低，企业普遍存在市场营销能力差、运作成本高、资金不足和信息化水平低等问题，很多物流企业仍采用最原始的信息传递和控制方法，物流企业之间没有信息共享平台，物流资源难以共享。企业之间的合作障碍，导致城市的规模效应和整体协同效应不能充分发挥，降低了物流服务水平，不利于物流资源的充分利用。

4. 城市物流企业智慧化程度低

首先，目前城市物流企业仍处于信息化建设初期阶段，已采用的信息技术主要是满足一般业务操作，物联网、云计算、大数据等智慧化新技术、新成果实际应用比较缓慢。其次，城市内没有统一的物流信息平台，很大一部分中小型物流企业没有建立自己的内部信息平台，在产业层面也缺乏统一的公共信息服务平台。企业信息化程度不均衡，尤其是大量小型企业物流信息化水平较低。物流企业和企业物流的信息化发展不平衡，大量小型企业物流信息化水平较低制约着智慧物流的发展。企业之间难以实现良好的互联互通和信息无障碍交换与共享，信息孤岛现象明显。

2.1.2 外部环境分析

通过外部环境分析，城市绿色智慧物流经营平台可以很好地明确自身面临的机会与威胁，从而决定促进城市绿色智慧物流发展能够选择做什么。对外部环境的未来变化做出正确的预见，是战略能够获得成功的前提。本节从政策、经济、社会三方面分析城市绿色智慧物流的外部环境。

1. 政策环境分析

1）国家政策对城市绿色智慧物流的扶持

交通运输部在《关于加快推进新能源汽车在交通运输行业推广应用的实施意见》中提到，要以加快转变交通运输发展方式为主线，以服务绿色交通建设为目标，以优化交通运输能源消费结构为核心，创新推广应用模式、落实扶持政策、完善体制机制，加快推进新能源汽车在交通运输行业的推广应用，重点在城市公交、出租汽车和城市物流配送领域，积极拓展到汽车租赁和邮政快递等领域。

2）政府主管部门对城市绿色智慧物流发展的鼓励

为促进城市绿色智慧物流发展，各政府主管部门人员纷纷以论坛、大会等形式提出发展绿色智慧物流的重要性，表明其支持倡导态度。"发展绿色物流是全社会共同的责任。"这是商务部流通业发展司处长张祥在第二届中国（国际）绿色仓储与配送大会上向与会代表发出的倡议，主要体现在制定绿色物流的发展战略、规划、标准，出台引导激励政策，发现并总结推广好的创新模式和经验做法，规范绿色物流的市场行为等方面。

以北京为例，北京市在促进城市物流绿色智慧发展方面出台了有力的政策。作为首都，北京在各方面都具备带头作用，可作为绿色智慧发展示范推广城市，北京企业和公众会更加迅速地接受并实行绿色智慧物流。北京整体经济环境良好，资金、政策都为城市绿色智慧物流的发展提供了一个好的环境。

2. 经济环境分析

在近几十年里，我国现代物流发展迅速，产业规模迅速扩大，引进了不少先进的物流技术和管理理念，为绿色物流的发展打下了坚实的基础，尤其是对智慧物流的资金投入，极大地促进了城市绿色物流的推广，提高了物流运作效率。

1）城市物流产业规模快速增长

2014年，全国社会物流总额213.5万亿元，年均增长率逐年提高，城市物流业增加值占社会物流总额的比重有所提高，城市物流总费用达到2.1万亿元。随着国家经济发展进入"新常态"，城市物流业加快产业调整升级，将发展的重点逐步从追求成本和速度转到质量和效益上来，并采用多种方式助推物流产业向绿色智慧转型。

2）对城市绿色智慧物流项目投入大量资金

要发展城市绿色智慧物流，需要发挥政府、行业组织和企业等全社会的力量，凝聚共识，群策群力，多措并举。在其走向成熟和大规模商业化之前，离不开大量的项目研究和资金支持。城市绿色智慧物流发展的经济环境主要体现在近年来现代城市对其项目建设的资金投入。

根据《北京市物流业发展规划》，北京将投入大量资金建成结构合理、设施配套、技术先进、运转高效、绿色环保的物流体系，成为亚太地区重要的物流枢纽城市，这意味着北京市的物流作业将更加集中，物流活动将更加频繁，人口也将更加密集，对环境的压力也将加大，体现了发展城市绿色智慧物流的必要性，同时这也是发展契机。

3. 社会环境分析

任何一种新模式的产生和发展应用，不仅应得到政策、经济上的支持，也需要有一个良好的社会环境促使其发展。当政府着力促进城市绿色智慧物流发展时，社会公众都较为关注其发展，尤其是感兴趣的学界人士、受影响的当地社区、非政府环境组织、相关工业团体等。城市绿色智慧物流发展的社会环境，可以从社会环境背景和民众的参与及认知情况等方面反映。

1）公众对环境污染反响热烈

城市物流的发展对社会环境及居民产生了严重的影响，对北京而言，物流发展对运输机动车辆的需求造成了交通拥堵，同时其尾气排出多种有毒物质，虽然大范围的大气污染并非完全由运输产生，但运输量的迅猛发展是不可忽视的重要原因。有资料显示，有86%的公众认为环境污染对现代人的健康造成了较大影响，39%的公众认为环境污染给自己和家人的健康造成了很大影响。

2）绿色物流的观念还未普及

虽然环保意识日益深入人心，但绿色智慧物流的概念在城市居民中还未能得到完全普及，一些群众甚至不知道什么是绿色物流。即使有部分企业已开始注重绿色生产，但绝大部分企业认为绿色物流只是一种环保理念，是不切实际的幻想，不能为企业带来任何经济效益，也不想应用高端的智慧物流技术（增加物流成本），也有一些企业认为绿色物流是政府的事情，和企业无关。

2.1.3 科技环境分析

城市绿色智慧物流健康发展需要多种关键物流技术的支持。促进物流信息系统发展和标准化体系建设，完善的物流信息平台是发展绿色智慧物流的重要基础，有助于提高物流资源的利用率和经济性。

1. 物流信息化

随着互联网时代的到来，信息的传播、交流发生了巨大的变化。互联网技术所推动的信息革命使得物流现代化的发展产生了巨大的飞跃。物流信息化受到空前的重视，具体表现为物流信息的商品化、物流信息搜集的数据库化和代码化、物流信息处理的电子化和计算机化、物流信息传递的标准化和实时化、物流信息存储的数字化等。

物流信息化对于我国物流产业具有重要意义。物流信息化是物流国际化、物流现代化的基础；随着以电子化、网络化和数字化经济为特征，以电子商务为核心的时代的来临，物流信息化面临挑战与动力。物流作为一个涉及投入和产出的重要环节，在企业经营管理中起着重要作用，物流信息化的重要性也越来越被人们认同。

2. 协同优化技术

随着经济全球化和信息化进程的不断加快，物流企业已经形成了以协同优化技术为核心，以信息技术、运输技术、配送技术、装卸搬运技术、自动化仓储技术、库存控制技术、包装技术等专业技术为支撑，以云计算、大数据、移动互联等新信息技术为延伸的智慧物流技术格局。现代物流技术进一步向信息化、自动化、智能化、集成化、系统化方向发展。

协同优化是指各子系统或元素围绕系统总体目标进行协作配合，由此形成系统整体良性循环态势。协同优化技术的本质是企业物流资源的最优化，它将物流企业内部部门、物流企业合作伙伴、供应商、生产商、分销商、零售商和终端客户联系起来，形成动态联盟与协同。协同优化技术的目标是实现多目标协同，不仅仅是降低总的物流成本和提高效率，还包括支持新的营销策略、提高市场反应能力等。

3. 新型物流装备技术

新型智能化的物流装备是集机、电、光技术于一体的系统工程，具有代表性的现代物流技术主要包括物流信息采集与识别技术、电子数据交换技术、物流信息空间技术、物流信息处理技术等。它由多种信息技术集成，对物品在包装、运输、装卸、搬运和仓储及流通加工等各工作环节的作业中产生的全部信息进行及时、有效的收集、分析和处理等。

目前，随着现代物流技术的发展，新型智能化的物流装备正得到越来越广泛的应用。例如，社区配送、绿色配送和共同配送是城市物流配送的发展趋势，新能源物流车以其独特的优点应运而生。新能源物流车是纯电动、零排放的绿色环保车辆，是政策支持和民众期待的运输工具，可以大幅降低城市空气与噪声污染。作为智能型汽车，其天生就与互联网技术高度整合，可以更好地保障实现城市共同配送对物流信息技术的要求。

2.1.4 环保趋势分析

在社会各界大力倡导节能环保的今天，现代物流逐渐从高能耗、高污染的困境中走出来，更加强调全局和长远的利益，强调全方位对环境的关注，更加注重企业的绿色形象，社会物流也逐步朝着绿色化的方向发展。城市物流作为社会物资流通的重要环节，同样也存在高效节能、绿色环保等可持续发展问题，在物流过程中降低或抑制物流对环境造成危害的同时，实现对物流环境的净化，使物流资源得到更加充分利用是城市物流产业发展的大趋势之一。

1. 企业和公众的环保意识已开始形成

我国自20世纪90年代以来一直致力于环境污染方面的政策和法规建设，但针对物流行业的政策和法规还不是很多，企业的非绿色物流作业往往屡禁不止。但是，进入21世纪以来，在国家可持续发展的政策指导下，许多企业的社会责任意识已逐步形成。它们从企业的社会责任和社会效益出发，推进企业物流的可持续发展，其中部分企业环保意识强烈，将生产绿色产品作为企业的竞争优势。它们已经按环境标准实行清洁生产，并在物流的各个环节尽可能地降低对环境的污染。例如，海尔集团就已经建立了环境管理系统，并获得了 ISO 14001 标准认证，从制度上保障物流的绿色化；同时，海尔也是国内率先开展家电废弃物回收物流的企业，它与青岛的各大家电商签订回收协议，建立稳定的家电回收渠道，为家电物流绿色化发展做出了巨大贡献。可见企业和公众的绿色环保意识已经逐步开始形成。

2．绿色环保技术不断发展

绿色物流技术主要包括标准化技术、信息和通信技术、新材料技术、生物技术、环保技术、安全防卫技术、监控技术、保鲜技术、各种垃圾处理和废物利用技术、各项物流功能的专用技术、质量管理和流程再造等。世界上一些发达国家十分重视此项工作的研究与应用，如美国的一般企业在实际物流活动中，对物流的运输、配送、包装等方面应用诸多的先进技术，如电子数据交换（EDI）、准时制生产（JIT）、配送规划、绿色包装等，为物流活动的绿色化提供强有力的技术支持和保障。

近年来，随着我国经济和社会的不断发展，环保技术水平也不断提高，通过自主研发与引进消化相结合，我国环保技术与国际先进水平的差距不断缩小，掌握了一批具有自主知识产权的关键技术，主导技术与产品可以基本满足市场的需要。尤其是新能源汽车的研发与应用技术，在很大程度上促进了城市绿色智慧物流的发展。

2.2 城市绿色智慧物流发展需求分析

近年来，我国城市物流获得了迅速的发展，在提升城市功能、促进城市发展等方面发挥了重要的推动作用。但由此带来的对城市环境的影响却不容忽视，如今城市物流运输和配送带来的噪声污染、废气污染、交通拥挤和交通安全等问题日趋严重，已经影响到人们的生活质量和区域经济的协调发展。因此，在发展现代物流过程中如何降低城市物流对环境的负面影响，促进城市物流向绿色智慧转型，已经成为政府、企业、研究机构及普通民众所关注的热点之一。城市绿色智慧物流发展需求的业务主体主要包括政府、企业、社会、市场四大类，结合四大业务主体也分析了城市各类资源整合对城市绿色智慧物流发展的需求，如图 2-2 所示。

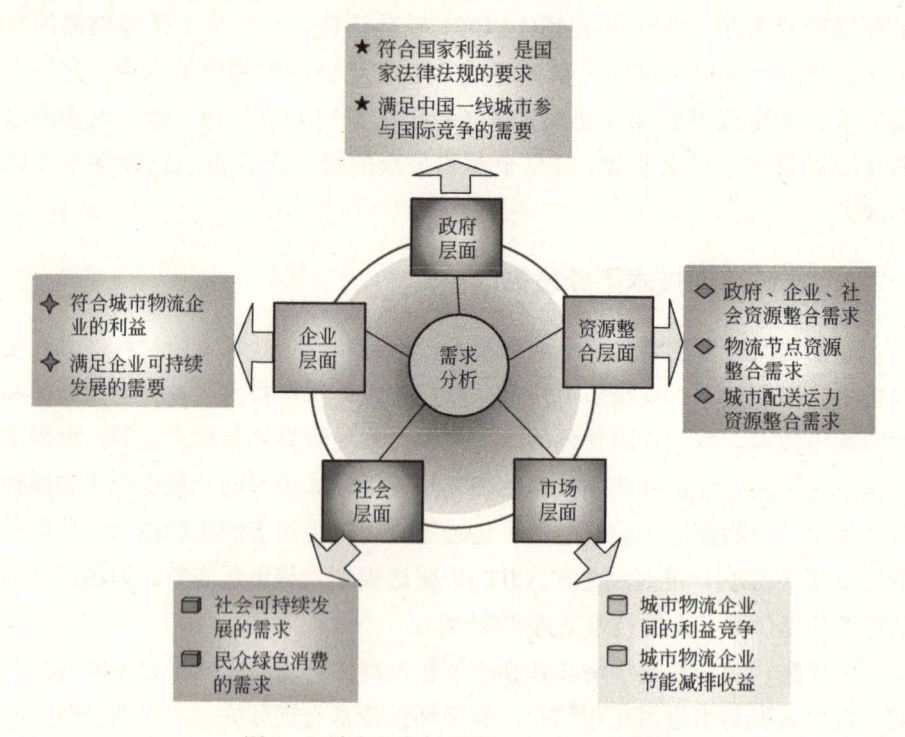

图 2-2　城市绿色智慧物流发展需求分析

2.2.1　政府需求分析

在发展城市绿色智慧物流的过程中，政府作为管理者和政策的制定者，最主要的作用是推动与支持城市物流系统的建设与发展，具体表现是为企业物流活动的绿色化或物流企业的绿色化创造良好的环境，这也是政府的责任与义务，所以政府是城市绿色智慧物流发展的重要需求主体。政府一般通过颁布法律、政策、规章等来规范物流行业走向绿色化，并鼓励企业在绿色智慧物流方面的发明创造和技术创新。推进城市绿色物流发展的相关主导部门包括交通委、运输管理局、邮政局、环保局等。

1. 符合国家利益，是国家法律法规的要求

至今我国已经制定了《中华人民共和国环境保护法》《固体废物污染环境防治法》《环境噪声污染防治条例》等多部法律法规，这些法律法规都要求生

产商必须对自己的产品造成的污染负相应的责任,并采取措施;2008年的北京奥运会对北京绿色智慧物流的发展起到了催化剂的作用,政府在政策层面加强了对绿色物流的关注,特别是针对物流园区信息化建设和专业化程度加强等方面的政策——《关于物流园区发展的政策建议》的出台,促进了绿色物流的发展和物流效率的提高;2009年3月,国务院发布《物流业调整和振兴规划》,把体现绿色物流思想的"创新物流服务方式、提升服务水平"作为物流发展的基本原则,将发展绿色物流上升到国家战略层面,所以发展绿色物流体现了国家的利益和意志。

2. 满足中国城市参与国际竞争的需要

在经济全球化背景下,发达国家设置的各种绿色壁垒,如设置 ISO 14000 系列标准,辐射全球商业、工业、政府、非营利性组织和其他用户,其目的是约束组织的环境行为,达到持续改善环境的目的。ISO 14000 俨然已成为企业进入国际市场的通行证,企业产品必须获得此标准认证才能出口到目标市场,这对我国的出口贸易带来了很大影响。因此,发展绿色物流是我国企业参与国际竞争的必要条件;同时,我国发展绿色物流也有来自国际环境保护要求的压力。现今世界范围内的城市物流运输绝大多数依赖化石燃料动力汽车,它们是温室气体的主要制造者,2009年哥本哈根世界气候大会要求各国承诺减排目标、制定减排措施,以减少对全球气候变化的影响,为了实现减排的目标我们也必须进一步推进绿色智慧物流的发展。

2.2.2 企业需求分析

作为发展绿色智慧物流的核心主体,城市物流企业发展绿色智慧物流既是企业应对市场竞争、开拓目标市场的需要,也是实现自身可持续发展战略的内在要求。城市绿色智慧物流作为提高企业信息化水平,促进城市物流发展的催化剂,在企业中扮演着重要的角色。发展绿色智慧物流就要从协同配送、绿色包装、绿色供应链管理、智能仓储和发展专业化第三方物流等几个方面采取相应的对策,所以企业是城市绿色智慧物流发展的主要需求主体。

1. 符合城市物流企业的利益

绿色智慧物流不仅重视降低城市物流企业的生产成本,更重视绿色智慧化和由此带来的节能、高效、低污染。企业通过对资源的节约利用，对运输和仓储的科学规划和合理布局，可以大幅降低物流成本；原材料和废弃物的循环利用可以降低企业的原料成本，增强企业的竞争优势；绿色物流还有助于企业树立良好的企业形象，更容易获得环境标准认证，增强企业的市场竞争力，培养客户的忠诚度。因此，它对生产经营成本的节省可以说是无可估量的。

从综合的角度来看，绿色智慧物流有利于优化产业结构和资源配置，城市主导产业或具有创新能力的企业在特定区域集中，使这一特定区域的经济比周边地区发展得更快，从而对周边地区产生促进其经济发展的强大辐射作用。我国企业应加快发展绿色物流，以取得新的应对竞争优势，以应对未来挑战。

2. 满足企业可持续发展的需要

物流要发展，一定要与绿色生产、绿色营销、绿色消费等绿色经济活动紧密衔接。人类的经济活动不能因物流而过分地消耗资源、破坏环境，以至于造成重复污染。以往我国的企业都在重复先污染、后治理的老路，企业的行为由市场决定，过去企业的经营更加注重发展，以发展为导向带来了严重的环境问题；但是，在大力倡导可持续发展的今天，企业在发展中会更多地关注环境等其他因素的影响，它们更加愿意尝试与政府协作的方式来改善物流环境。

此外，绿色智慧物流还是企业最大限度地降低经营成本的必由之路。一般认为，产品从投产到销出，制造加工时间仅占 10%，而几乎 90%的时间为仓储、运输、装卸、包装、流通加工、信息处理等物流过程。因此，绿色智慧物流无疑为物流相关企业的可持续发展奠定了基础。

2.2.3 社会需求分析

随着城市经济的不断发展，人类的生存环境也在不断恶化，具体表现为能源危机、空气污染、环境遭受破坏、生态系统失衡，所以社会迫切需要发展城市绿色智慧物流来替代传统的粗放型物流生产方式，改善物流运营的大环境。发展绿色智慧物流是净化城市环境，缓解城市交通压力，服务社会民众，满足城市居民物流需求的新途径。因此，社会民众是城市绿色智慧物流发展的主要需求主体，也是受益人。

1．社会可持续发展的需求

可持续发展战略是指社会经济发展必须同自然环境及社会环境相联系，使经济建设与资源、环境相协调，以保证社会实现良性循环。发展绿色物流是可持续性发展的需要，绿色物流与绿色制造共同构成了一个节约资源、保护环境的绿色经济循环系统，两者之间是相互渗透、相互作用的。目前，我国的经济社会发展面临着环境污染等社会问题。城市物流产业采用粗放的发展模式，其储存、运输、包装等环节对环境造成了不同程度的危害。其作为社会物资流通的重要环节，同样也存在高效节能、绿色环保等可持续发展问题，在物流过程中抑制物流对环境造成危害的同时，实现对物流环境的净化，使物流资源得到充分利用是城市物流发展的大趋势之一。所以城市急需发展绿色智慧物流，减少行业发展对环境的负面影响，保证城市经济健康、可持续发展。

2．民众绿色消费的需求

在新的物流模式下减少车辆行驶次数，减少无效行驶，合理布局物流节点等可以减少物流活动对居民的影响，提高居民的生活质量。随着城市化进程的加快，城市生活质量也越来越受关注，解决城市居民生活质量问题是建立和谐社会的必要条件。物流活动所涉及的一系列环节，如运输、加工、包装和储存等由于处理不当会给环境造成不同程度的破坏，恶化生存环境，从而影响国民的生活质量。绿色智慧物流作为生产和消费的中介，是满足人民物质和文化生活的基本环节。绿色物流伴随着人民生活需求进一步提高，如果没有绿色无污染物流的维系，绿色消费就难以进行。可见，绿色物流在人民生活中所占的分量是何等重要。

2.2.4 市场需求分析

长期以来以经济发展为中心的城市物流市场发展模式导致城市资源的浪费及环境的污染，已经不适应现代市场对绿色健康发展的需求。为了改变这一现状，城市物流市场应以客户需求为导向，有效利用智慧物流技术，并且在其发展过程中，强化绿色物流的思想。

1. 城市物流企业间的利益竞争

我国企业经营者和消费者对物流绿色经营消费理念非常淡薄。经营者展现给我们的是绿色产品、绿色标志、绿色营销和绿色服务，消费者追求的是绿色消费、绿色享用和绿色保障，而其中的绿色通道物流环节，却未能引起人们足够的重视。在全球绿色节能环保的时代背景下，绿色智慧物流顺应时代发展的步伐，因此城市物流产业应当重视绿色环保产业的发展，尽快提高认识，更新思想，把发展绿色智慧型物流，应用城市配送新能源汽车替换传统燃油车作为企业绿色革命的重要组成部分，运用一系列物流协同优化技术，降低各物流环节的内耗，通过树立自身的绿色形象来达到市场开拓的目的。谁在这方面做得好，谁就能赢得顾客，谁就能把握市场先机。

2. 城市物流企业节能减排收益

在国际社会广泛呼吁发展低碳经济的同时，碳关税、碳标签等概念随之提出。碳关税是指对高耗能产品的进口征收特别的二氧化碳排放关税。与欧盟对航空业的碳排放收费如出一辙，碳关税将是卡在能耗大户——外贸物流咽喉处的一根刺。同时，在国内外大力倡导低碳经济的大背景下，学者们逐步提出了"低碳物流"的理念，将"可持续发展"和"碳排放"融入物流的各个环节中，最终达到资源利用效率最高、对环境影响最小和系统效益的最优化。

此外，在中国很多城市已试点加快建设碳排放权交易市场，发展城市绿色智慧物流，推广应用城市配送新能源汽车可以很好地满足城市物流企业节能减排的需求，实现碳交易收益。

2.2.5 资源整合需求分析

我国传统的仓储、运输等大型传统物流企业积极进行资源重组，经过多年发展，已经在交通运输、仓储设施、物流园区等物流基础设施和装备方面取得了很大的进步，为物流业发展奠定了重要的物质基础。但是城市物流方面，物流资源由于缺乏整合，多数物流项目建设属于供应能力的扩张，而不是整合原有的资源来提升供应能力，低水平的重复建设很多，浪费了资源。因此，城市绿色智慧物流资源整合势在必行。建立城市绿色智慧物流经营平台可以有效整合绿色物流发展各类资源，包括政府、企业、社会资源，物流节点资源，城市配送运力资源等。

1. 政府、企业、社会资源整合需求

现代物流是城市经济发展的大动脉，它连接着社会生产各个部分并使之成为一个有机整体。任何一个城市都由众多的产业、部门和企业组成，它们之间相互供应产品，用于生产性消费和生活性消费，它们相互依赖又相互竞争，形成极其错综复杂的关系，城市物流就是维系这些错综复杂关系的纽带和桥梁。它的发展涉及多方利益体，建立统一的城市绿色智慧物流经营平台，可以有效联结政府、企业、社会资源，优化城市物流系统。

2. 物流节点资源整合需求

前文在内部环境分析中已经提到我国大部分城市物流设施的规划和建设带有一定的盲目性，存在着重复建设，缺乏在更大范围的统筹规划。因此，在现有物流节点资源基础上满足各产业物流服务的需求，必须利用现代物流信息技术，建设城市绿色智慧物流经营平台，整合区域内现有的物流节点资源，实现物流供需双方信息与资源共享，从而提高物流服务质量与效率。

3. 城市配送运力资源整合需求

随着城市物流市场的蓬勃发展，运力整合在近段时间内也被推到风口浪尖上。目前比较热门的城市物流运力整合手段有货运巴士、货运的士和共同配送三种方式。它们对不同的货物属性及货物配送里程有不同的适应程度。对城市物流而言，可以另辟蹊径，开发适合特定城市的运力资源整合。例如，城市绿色智慧物流经营平台可以借用互联网、物联网、云计算等先进的信息技术手段，把真实的运力信息放在一个互联平台上，有效整合电商物流企业、商超配送企业、城市餐饮配送企业等第三方物流企业的运力资源，高效共享，提升配送效率，降低单位配送成本。

2.3 城市绿色智慧物流市场分析

城市绿色智慧物流的发展对社会、环保、市场有着多方面的积极意义，城市绿色智慧物流市场分析是对行业市场潜力、市场需求、市场政策及市

产品等调查资料进行的分析，通过绿色智慧物流市场调查和供求预测，根据行业产品的市场环境、竞争力和竞争者，分析、判断城市绿色智慧物流在限定时间内是否有市场，为后续章节提供基础支撑以决定采取怎样的营销战略来实现推广目标或采用怎样的投资策略进入市场。

2.3.1 市场潜力分析

我国现代物流业近十年在经济发展的推动下保持了较快增长，发展环境与条件不断改善，现代物流业已成为促进第三产业发展的支柱产业。伴随着节能减排这一基本国策在全国各地不断落实，城市物流也朝着绿色环保这一方向全力进发，城市绿色智慧物流发展市场潜力巨大。下面将从我国现代物流市场、城市物流市场和电动物流车市场三个方面出发，分析城市绿色智慧物流的市场潜力。

1. 我国现代物流市场

1) 社会物流需求加速增长

物流产业是国民经济的动脉系统，它连接经济的各个部门并使之成为一个有机的整体，其发展程度成为衡量一个国家现代化程度和综合国力的重要标志之一。近年来，我国物流业面对复杂多变的市场形势，积极调整应对，加快转型升级，主动适应经济发展"新常态"，较好地发挥了基础性、战略性作用。基于我国产业结构调整初见成效与多项产业复苏等因素，我国物流业整体运行态势良好，社会物流总费用显著上升，说明社会经济发展对物流的需求呈加速增长态势。2010—2016 年我国社会物流总费用变化趋势如图 2-3 所示。

图 2-3　2010—2016 年我国社会物流总费用变化趋势

2）物流运行效率亟待提高

在我国物流业的发展过程中，物流成本一直处于较高水平。虽然近年来在我国政府和物流企业的共同努力下，社会物流总费用占国民生产总值的比例呈下降趋势，但是与发达国家8%~10%的比例相比，我国的物流费用总量和物流总费用占GDP的比例都处在较高的水平。2010—2016年中国物流总费用与GDP增长情况统计如表2-1所示。

表2-1　2010—2016年中国物流总费用与GDP增长情况统计

年份	2010	2011	2012	2013	2014	2015	2016
中国GDP（万亿元）	39.8	46.3	51.7	58.8	63.6	68.9	74.4
中国物流总费用（万亿元）	8.1	8.3	9.4	10.2	10.6	10.8	11.1
物流总费用与GDP的比率（%）	18.8	17.9	18.2	17.3	16.7	15.7	14.9

随着各地物流园区的规划和建设趋于合理，一批适应不同需要、定位明确的专业物流园区的开工建设和一些功能健全的综合物流园区逐步发挥重要作用，物流网络组织节点开始形成，能够有效地促进各种物流功能和要素的集成整合，社会物流总费用占国民生产总值的比例将进一步下降，有利于我国物流行业的可持续发展。

3）物流业与商贸业、制造业联动发展趋势明显

物流业作为新兴的复合型产业，与其他产业形态发展具有极高的关联度，伴随社会化分工与服务的专业化需求，越来越多的生产制造业、商贸业抛弃了"大而全、小而全"的运作模式，通过供应链整合、外包物流业务等方式实现与物流业的联动发展，特别是物流业与钢材、机械制造业的联动发展效果显著。

物流企业联动发展是制造型企业降低成本和提升竞争力的需要；而与制造型企业联动发展则是物流企业优化物流市场和优化供应链的需要。据统计，通过释放产业链仓储、包装、运输等环节，制造业企业运营成本可下降约12%，利润可上升约8%。为了推动物流业与商贸业、制造业联动的更好发展，政府应在融资、用地、税收等方面创造完善的政策环境；行业协会应发挥渠道建设的作用，以使物流业与制造业能够实现充分的沟通与衔接；制造型企业应更新观念，开启并顺应物流外包时代；物流企业应不断提升增值性业务服务能力，积极融入供应链。

2. 城市物流市场

随着国民经济和城市建设的快速发展与人民生活水平的日益提高，城市物流量正在迅猛增加。就我国当前的城市物流规模而言，城市物流行业总体规模已经达到世界第三（第一为美国，第二为欧盟），公路物流市场总规模已超过 4 万亿元，2013 年城市物流总规模为 1.7 万亿元，占公路物流总量的 42%。

1）以绿色智慧物流支撑城市经济发展

中国城市物流正面临着市场经济发展所带来的城市经济的高速增长对城市物流提出新的更高要求的挑战。以市场经济充分发展为特征的现代社会化大生产的发展反映在物流领域，表现为商品的大进大出和快进快出。然而，在我国，由于长期重生产、轻流通，在流通中又重商流、轻物流，使我国物流尤其是城市物流存在明显的不协调状况，成为城市经济及整个社会经济效益提高的一大障碍。

城市物流是城市发展经济的新增长点。发展我国城市物流产业，将会带动新一轮物流基础设施、技术改造、技术创新投资；将会带动机械、电子、信息、通信、互联网等行业的进一步发展；将会促进城市产业结构、产品结构、企业组织结构的调整与变化；将会推动流通领域的现代化，提升消费者服务水平，有利于扩大内需和提高人民生活质量。所以城市急需发展绿色智慧型物流，以提高物流运作效率，促进城市经济发展。

2）以北京市邮政行业为例的城市物流市场

根据《2016 年北京市邮政行业发展统计公报》显示，2016 年北京市快递业务快速增长。全年快递服务企业业务量完成 19.6 亿件，同比增长 38.59%；快递业务收入完成 256.57 亿元，同比增长 41.24%。2011—2016 年北京快递业务发展情况如图 2-4 所示。

民营快递企业持续快速发展。2016 年国有快递企业业务量完成 1.08 亿件，实现业务收入 26.58 亿元；民营快递企业业务量完成 18.40 亿件，实现业务收入 215.53 亿元；外资快递企业业务量完成 0.13 亿件，实现业务收入 14.46 亿元。国有、民营、外资快递企业业务量市场份额分别为 5.49%、93.86% 和 0.64%，业务收入市场份额分别为 10.36%、84.01% 和 5.63%，与上年相比，民营快递企业市场份额持续提升。

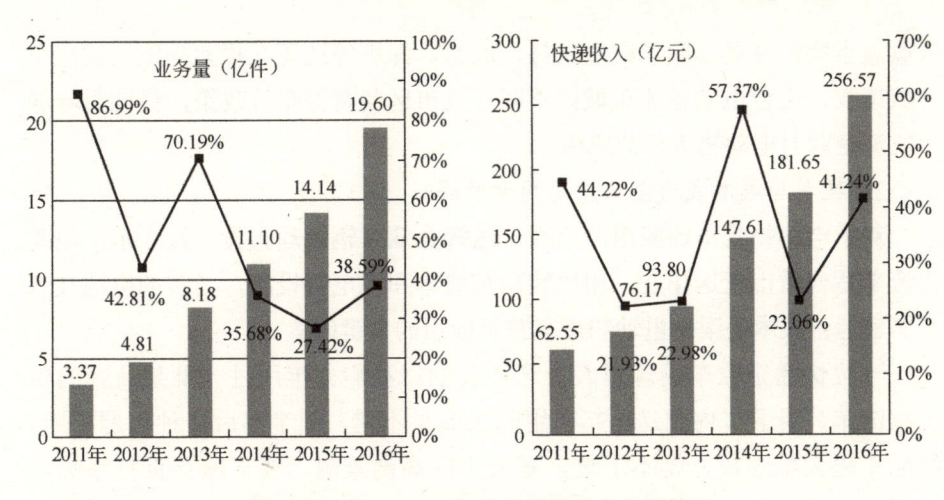

图 2-4　2011—2016 年北京快递业务发展情况

3．电动物流车市场

随着电商物流用车需求的逐年增加，以及国家政策的引导支持，电动物流车取代燃油车辆及三轮车呼声越来越高，与萧条的燃油商用车市场相比，业界及媒体对电动物流车市场预期一致看好。

1）市场空间与政策驱动电动物流车趋势明朗

货车市区限行，三轮车不让上路，那么消费者的包裹如何配送到家？快递配送到底需要多少物流车？据统计，2016 年全国快递量达 313 亿件，如果全部用三轮车配送，平均载货 200 件来计算，那么大约需要 1500 万辆才能满足需求。如果全部是微型面包车配送，平均载货 300 件计算，那么快递公司也需要配备 1000 万台车辆才能满足需求。

当然，单纯以快递件数作为计算基数，可能会有偏差。有些快件如衣服、文件、书本等，占用空间不大，有些货物如大冰箱一类，需要厢式货车及微卡微面等实现配送，以上估算只是当前电商快递物流用车市场一个估算，这个计算还没有把商超配送、餐饮连锁配送等城市物流用车需求计算在内。

正是因为电商物流持续高速发展，快递物流用车占整个城市物流用车比例越来越大，给城市交通、环境等带来影响，限制货车进城也成为常态。而电动物流车可以实现零排放，同时比电动三轮车、微型面包车装载量大，获得主管部门的青睐。过去一年，北京市、天津市、广东省、山东省、上海市、江苏省、福建省等纷纷出台了电动物流车辆补贴政策，希望以此来推动高效、低碳城市物流发展。除了财政扶持，成都、深圳等地正在探索为电动物流车开放路权，出台电动物流车城区不限行及市区免费停车等政策，借此引导城市物流企业对电动物流车的应用。

2）技术与成本成为企业应用两大障碍

对于电动物流车的应用，三通一达等企业车辆管理人员一致表示，电动物流车适合城市配送作业，相比较购车成本和充电桩设施，当前的电池技术及车辆运营成本是限制电动物流车普及应用的关键因素。

一位快递企业车辆管理人员这样表示：我们去年用过一批某品牌的电动物流车，用于市内配送，起初用起来效果不错，但半年后各种问题不断，续航里程大幅缩短，爬不了坡，夏天车内高温难耐，冬天冻得直打哆嗦，原因就是不敢耗电开空调，即使这样还时常卡在半道，耽误了配送时效。近期我们又试用了几台钛酸锂电池电动物流车，比之前产品好很多，但是问题就是费用太贵，一台车除去补贴也要 40 多万元，这对我们来说还是用不起。

3）北京市新能源车推广市场

目前，北京市新能源汽车市场呈现车桩两旺，应用推广和产业竞争力协调发展的良性局面。新能源汽车累计推广 3.59 万辆，其中，2015 年新增 2.35 万辆。充电桩建设方面，截至 2015 年年底，累计建成充电桩 2.1 万个，其中，专用充电桩 3700 个，涉及公交、环卫、出租车充换电站 234 座；公共充电桩共计 519 个点，累计达 5132 个充电桩；私人自用充电桩 1.2 万个，覆盖北京市 16 个区和亦庄开发区共 2108 个小区，超过全市小区总数的 40%。其中，2015 年新建 4000 个桩，2016 年再增公共充电桩不低于 5000 个。

据数据显示，城市物流业务量每增长 1%，物流用车就增长 3.9%，城市物流用车正成为一个巨大的需求市场。北京市邮政行业发展呈现增长速度快中趋稳，产业结构不断优化，动力转换持续加快的特点，邮政业服务经济社会发展的基础性作用进一步增强，行业的影响力持续扩大，新能源配送汽车替代传统燃油车的趋势越发明显。根据《2016 年北京市邮政行业发展统计公报》显示，2016 年北京市邮政行业拥有各类汽车 12776 辆，比上年年末增长 44.92%，其中快递服务汽车 10626 辆，比上年年末增长 58.27%。基于快递业务量发展，2017—2020 年邮政行业需求配送车辆数量预测如图 2-5 所示。

第 2 章 城市绿色智慧物流发展需求及价值分析

	2016年	2017年	2018年	2019年	2020年
快递业务量（亿件）	19.60	23.45	27.00	31.39	35.69
配送车辆（万辆）	1.23	1.22	1.47	1.51	1.69

图 2-5　2017—2020 年邮政行业需求配送车辆数量预测

2.3.2　市场产品分析

根据城市绿色智慧物流发展市场需求分析，其提供的市场产品主要包括城市绿色物流服务和城市智慧物流服务。不同的需求主体对城市绿色智慧物流市场提供的服务有不同需求。城市绿色智慧物流市场产品汇总如表 2-2 所示。

表 2-2　城市绿色智慧物流市场产品汇总

城市绿色智慧物流产品		需求主体	城市物流企业			生产企业	销售企业
			电商物流企业	商超配送企业	城市餐饮配送企业	生产制造	批发、零售业
城市绿色物流服务	绿色仓储	散货、件杂货堆存	√		√		
		普货仓储	√	√	√	√	√
		危险品仓储		√		√	
		液态仓储		√		√	
		冷链仓储			√		√
		库存管理	√	√	√	√	√
	绿色配送	装卸、搬运	√	√	√	√	
		短途配送	√	√	√		
	绿色物流装备		√	√	√		
	绿色包装		√	√	√	√	
	绿色流通加工			√			√

· 41 ·

续表

城市绿色智慧物流产品	需求主体	城市物流企业			生产企业	销售企业
		电商物流企业	商超配送企业	城市餐饮配送企业	生产制造	批发、零售业
城市智慧物流服务	城市物流信息平台	√	√	√	√	√
	智慧物流技术	√	√	√		
	智能仓储	√	√	√	√	√
	协同配送	√	√	√		
	节点资源整合	√	√			

具体市场产品分析如下。

1. 城市绿色物流服务

1）绿色仓储

绿色仓储是指以节约资源、保护环境与减少污染为原则设计与建设仓库，并配套应用节能环保的仓储设备技术从事仓储活动，要求仓库布局合理，以节约仓储成本。布局过于密集，会增加出入库的次数，从而增加资源消耗；布局过于松散，则会降低出入库的效率，增加出入库流程。仓库建设前还应当进行相应的环境影响评价，充分考虑仓库建设对所在地的环境影响。绿色仓储的核心要求是节能环保，如节地、节电、节水、节材、减少碳排放，主要包括规划建设绿色仓库建筑，仓库选址、设计立体仓库、充分利用自然光等，选择绿色仓库建筑材料（环保材料，可循环利用等），推广应用节能环保的仓储设备与技术（货架、叉车、托盘、信息化设施）与冷库节能技术，利用仓库屋顶实施光伏发电。

2）绿色配送

绿色配送是指在配送过程中抑制对环境造成危害的同时，实现对配送环境的净化，配送作业环节和配送管理全过程的绿色化，使配送资源得到最充分利用。从配送运输管理过程来看，主要是从环境保护和节约资源的目标出发，实现配送运输全过程的绿色化。绿色配送主要包括三个方面：一是对物流配送污染进行控制，即在物流配送系统和物流活动的规划和决策中尽量采用对环境污染小的方案，如采用排污量小的货车车型、近距离配送、夜间运货等。发达国家提倡基于绿色物流理念配送的对策是在污染发生源、交通量、交通流三个方面制定相关政策。例如，1989年日本中央公害对策协议会提出了10年内三项关于绿色物流系统中配送的推进目标，1992年日本政府公布了汽车二氧化碳限制法。二是建立工业和废料处理的物流系统。三是创新城市配送体系与模式，实施城市共同配送，选择环保配送车辆等。

3）绿色包装

绿色包装是指以天然植物和有关矿物质为原料研制成对生态环境和人类健康无害，有利于回收利用，易于降解、可持续发展的一种环保型包装，也就是说，其包装产品从原料选择、产品的制造到使用和废弃的整个生命周期，均应符合生态环境保护的要求。实现绿色包装可以从以下几种方式入手。

一是包装模数化。即确定包装基础尺寸的标准，各种进入流通领域的产品需要按模数规定的尺寸包装。模数化包装有利于小包装的集合，如利用集装箱及托盘装箱、装盘。包装模数如能和仓库设施、运输设施尺寸模数统一化，也有利于运输和保管，从而实现物流系统的合理化。

二是包装的大型化和集装化。此种方式有利于物流系统在装卸、搬迁、保管、运输等过程的机械化，加快这些环节的作业速度，也有利于减少单位包装成本，节约包装材料和包装费用，有利于保护货体。例如，采用集装箱、集装袋、托盘等集装方式。

三是包装多次、反复使用和废弃包装的处理。采用通用包装，不用专门安排回返使用；采用周转包装，可多次反复使用，如饮料、啤酒瓶等；梯级利用，一次使用后的包装物，用毕转作他用或简单处理后转作他用；对废弃包装物经再生处理，转化为其他用途或制作新材料。

4）绿色流通加工

绿色流通加工是指在流通过程中继续对流通中的商品进行生产性加工，以使其成为更加适合消费者需求的最终产品。流通加工具有较强的生产性，也是流通部门对环境保护可以有大作为的领域。

绿色流通加工的途径主要分两个方面：一方面是变消费者分散加工为专业集中加工，以规模作业方式提高资源利用效率，以减少环境污染，减少浪费和空气污染；另一方面是集中处理消费品加工中产生的边角废料，以减少消费者分散加工所造成的废弃物污染。随着社会的发展，节约资源、保护环境已不仅是企业出于对公众利益的关切而进行的一种公益事业，而且已成为企业必须履行的社会义务。通常，企业可采取的绿色流通战略包括绿色流通作业战略、绿色企业文化与形象战略等。

2. 城市智慧物流服务

1）城市物流信息平台

城市物流信息平台是以高科技智能化为支撑，强化信息技术在物流配送中的作用，实现城市物流车、货最有效资源配置的一种新型物流配送服务体系。它包括两个方面的内容：一是由政府参与开发并为社会公众提供免费信息服务的呼叫系统；二是由市场化运营的城市车辆配送系统。

城市物流信息平台的建设强化了信息技术在物流配送中的作用，该平台可以通过信息网络互联实现物流信息共享，帮助生产企业和销售企业与物流企业有效沟通、整合资源，促进物流业和城市经济的发展。城市物流信息平台可以通过对物流信息的采集、处理、传输、发布等，将信息转变成规范可用的信息，为用户提供物流信息服务，实现货物跟踪、在线交易、车辆路径优化等功能。同时，该平台也能进一步缓解城市道路拥堵，减少环境污染，降低经营成本，为社会、市场、电子商务等用户提供方便、快捷、安全的配送信息服务。

2）智慧物流技术

我国物流装备技术发展经历了从低端到高端，从手动到自动，再到高度自动化的渐进式发展过程。客观地说，个别行业虽已引领潮流，但我国物流技术总体仍处于信息化和自动化发展的初期，整体水平仍然比较落后，还远没有达到高度信息化和高度自动化的程度。对于智慧物流的研究和应用，更是处于探索时期。在物流行业实现智能化或智慧化，还需要更多的尝试。智慧物流要求具备信息化、数字化、网络化、集成化、可视化等先进技术特征，采用最新的编码、定位、数据库、传感器、RFID、无线传感网络、卫星技术等高新技术，同时整合物联网、大数据、云计算等信息化新技术，实现物流系统的智慧管控。

准确地说，国内目前还没有一个企业实施了真正的智慧物流系统，也没有一家供应商研究出了智慧物流技术。有些企业可能应用了RFID技术，实施了自动拣选系统、"货到人"拣选系统，这些都仅属于信息化与自动化的范畴，我国对智慧物流的研究还有很长的路要走。

3）协同配送

协同配送把过去按不同货主、不同商品分别进行的配送，改为不区分货主和商品集中运货的"货物及配送的集约化"。也就是把货物都装在同一条路线运行的车上,用同一台卡车为更多的顾客运货。协同配送的目的在于最大限度地提高人员、物资、金钱、时间等物流资源的效率(降低成本),取得最大效益(提高服务)。

无论是对客户还是物流服务供应商,协同配送都有优势。对客户来说,协同配送可以提高物流效率。例如,中小批发业者各自配送,难以满足零售商多批次、小批量的配送要求。通过协同配送,使得送货的一方可以实现少量物流配送,收货一方可以进行统一验货,从而达到提高物流服务水平的目的。市内的物流服务供应商多为中小企业,不仅资金少,人才不足,而且运输量少、运输效率低、独自承揽业务,在物流合理化及其效率上受到限制。如果通过协同配送实现合作化,开展大宗运货,通过城市物流信息平台提高车辆使用效率,进行往返运货等问题均可得到较好解决。

4)智能仓储系统

智能仓储系统是由立体货架、有轨巷道堆垛机、出入库输送系统、信息识别系统、自动控制系统、计算机监控系统、计算机管理系统及其他辅助设备组成的智能化系统。系统采用集成化物流理念设计,通过先进的控制、总线、通信和信息技术应用,协调各类设备共同工作实现自动出入库作用。

智能仓储的应用,保证了货物仓库管理各个环节数据输入的速度和准确性,确保企业及时、准确地掌握库存的真实数据,合理保持和控制企业库存。通过科学的编码,还可方便地对库存货物的批次、保质期等进行管理。

5)节点资源整合

城市大部分物流节点存在分布不均、专业化程度低,呈现"小、弱、散、乱、差"的状况,因此,在现有物流节点资源基础上满足各产业物流服务的需求,必须利用现代信息技术,建设城市绿色智慧物流经营平台,以整合区域内现有的物流节点资源,实现物流供需双方信息与资源的共享,从而提高物流服务质量与效率等。

2.3.3 市场政策分析

社会成员的理性是有限的,完全借助市场配置机制,靠市场经济自身约束和调节,不可能实现绿色物流的帕累托效率。因此,政府的干预对于推进绿色物流是必不可少的。根据社会物流系统的构成，分为宏观指导政策、物流行业政策、城市物流政策和物流配套环境政策四大类，如图2-6所示。

宏观指导政策	物流行业政策
《物流业调整和振兴规划》 《物流业发展中长期规划》 ……	《关于促进仓储业转型升级的指导意见》 《中华人民共和国节约能源法》 ……
城市物流政策	物流配套环境政策
《关于推进现代物流技术应用和共同配送工作的指导意见》 ……	《2006—2020国家信息化发展战略》 《全国物流标准专项规划》 ……

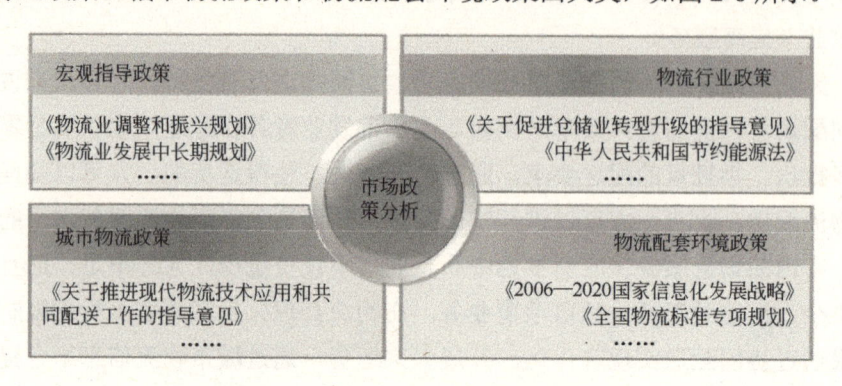

（中心：市场政策分析）

图2-6 城市绿色智慧物流市场分析

1．宏观指导政策

中央政府高度重视绿色物流的发展，先后在多个高层级、纲领性文件中提及要发展绿色物流。2009年，为应对国际金融危机对我国实体经济的冲击，国务院颁布《物流业调整和振兴规划》，在推动重点领域物流发展中，规划提出"鼓励和支持物流业节能减排，发展绿色物流"。2014年10月，国务院发布《物流业发展中长期规划》，"大力发展绿色物流"是规划提出的七项主要任务之一。可见，政府已经将发展绿色物流提升至国家战略层面。

2．物流行业政策

我国虽然还没有统一的物流法，更没有专门针对绿色物流的法律法规，但各级政府、各个行业、各相关部门针对物流系统的单项功能要素制定的制度已经相对丰富，尤其在运输、仓储和包装领域。交通运输业作为国家应对气候变化工作部署中确定的以低碳排放为特征的三大产业体系之一，其节能减排受到政府的高度重视。2007年，全国人大对《中华人民共和国节约能源法》进行修订，增加了交通运输节能的内容。仓储和包装业也是政府政策关注的重点物流行业。2012年，商务部出台《关于促进仓储业转型升级的指导意见》，提出要引导仓储企业由传统仓储中心向多功能、一体化的综合物流服务商转变。2016年7月，国家发改委印发《国务院关于积极推进"互联网+"

行动的指导意见》，该意见旨在大力推进"互联网+"高效物流发展，提高全社会物流质量、效率和安全水平，意见中设立了"物流信息互联互通工程""智能仓储和协同配送工程""便捷运输工程"三个专栏，分别从物流大数据信息系统集成和数据交换标准推广、智能化仓储物流和城市共同配送、无车承运人试点和骨干信息平台试点等多个方面来加强国家物流信息化、物流智慧化方向的建设。

3. 城市物流政策

制定城市物流产业发展相关政策时，必须站在城市整体发展的高度上来认识，将整个物流产业的发展与城市的发展结合起来，创造良好的环境，促进城市现代物流产业绿色智慧化发展。《关于推进现代物流技术应用和共同配送工作的指导意见》建议充分应用现代化物流信息技术整合配送资源，实现城市内部的协同配送。

近几年，我国政府针对新能源汽车的发展也出台了相关政策，表明对新能源汽车的发展给予支持和鼓励。2010—2014年，我国政府各领导部门共发布十余项市场政策极力推进城市绿色智慧物流发展。例如，2014年1月，交通运输部发布《关于加强城市配送运输与车辆通行管理工作的通知》，提出通过强化城市配送运力需求管理和车辆技术管理，并规范发展城市货运出租汽车的方式来提升城市配送运输服务水平。

4. 物流配套环境政策

物流信息化和标准化政策是城市绿色智慧物流发展需要重点关注的配套环境政策。我国的物流信息化和标准化基础薄弱，已成为制约物流业发展的障碍。因此，政府发布了一系列相关政策推进物流信息化和标准化的发展，如《2006—2020国家信息化发展战略》《全国物流标准2005—2010年发展规划》《全国物流标准专项规划》等。

2.4 城市绿色智慧物流价值分析

本节从绿色智慧物流特性出发，研究城市绿色智慧物流的价值内涵与表现形态，基于城市物流产业价值链的分析，研判发展城市绿色智慧物流的价值。

2.4.1 城市绿色智慧物流的价值内涵

在微观经济学中，企业的本质在于降低交易成本，其目标在于利润的最大化。利润是价值的一种外在表征，因而，可以说企业管理最根本的是价值管理。对于城市物流企业而言，物流活动的存在在于追求以最低的成本投入创造能够保证客户满意的时间价值和空间价值。城市物流活动由运输、储存、装卸搬运、包装、流通加工、配送和信息处理等组成。其中，运输、配送、装卸搬运创造空间价值，仓储、流通加工创造时间价值，信息处理、包装兼而创造时间价值和空间价值。

城市绿色智慧物流从绿色环保、智慧管理的角度提升物流系统各环节的价值。绿色化可减少运输、储存、装卸搬运、流通加工、配送等活动资源消耗，降低城市物流运作成本；智慧化可提升信息处理效率，用更为有效的手段协调统一管控城市物流。两者为的都是以最低可能的总成本来产生最大的价值，进而也是整个城市物流系统更大的增值。

2.4.2 基于物流价值链的概念分析

1. 价值链的概念分析

价值链理论最先由美国哈佛大学教授、著名战略管理专家迈克尔波特（Michael E. Porter）于1985年在《竞争优势》一书中提出。迈克尔波特认为，一定水平的价值链是一个特定产业内各种活动的组合，反映了企业历史、战略、战术及这些活动本身的根本经济效益。高效的价值链设计、价值链成员间的信息共享、库存的可见性与生产的良性协调，会使库存水平降低、物流作业更为有效。

2. 物流价值链的概念分析

物流价值链是价值链理论在物流领域的应用，是价值链战略中被生产制造企业或销售流通企业视为"非战略活动"外包给物流企业之后，物流企业中所形成的价值链。

物流价值链是指在物流流程价值关系中，一系列物流环节依顺序相互连接、具有内在价值利益关系的网链。物流价值链是物流活动内相关利益关系的本质反映，是物流的原动力。而通常意义上的物流合同则是价值链关系被具体化后的一种约束形式，也是博弈后的一种行为规范。

物流价值链存在于企业内以及企业间一系列相互作用和相关关联的物流活动中。在企业内，这些物流活动分布于运输、配送、仓储、装卸与搬运、流通加工、包装和信息处理等环节；在企业间，这些物流活动分布于采购、供应、生产、分销等环节。这些物流环节相互关联并相互影响，形成以物流价值为核心的链条结构。

2.4.3 基于价值链的城市绿色智慧物流系统分析

城市绿色智慧物流不仅仅是为了环保，它的存在合乎物流的本质属性——资源的有效利用，它的实施在保护环境的同时，还为企业创造了价值。价值链分析就是对价值链中的每一个子系统和每个子系统中的每项业务活动加以详细的考察和分析，为的是以最低可能的总成本来产生最大的价值，进而使整个价值链更大的增值。基于价值链的城市绿色智慧物流系统形成了包括物流中心、城市物流企业、社区、商超、餐饮、再生资源利用中心在内的闭环式物流系统，系统结构如图 2-7 所示。

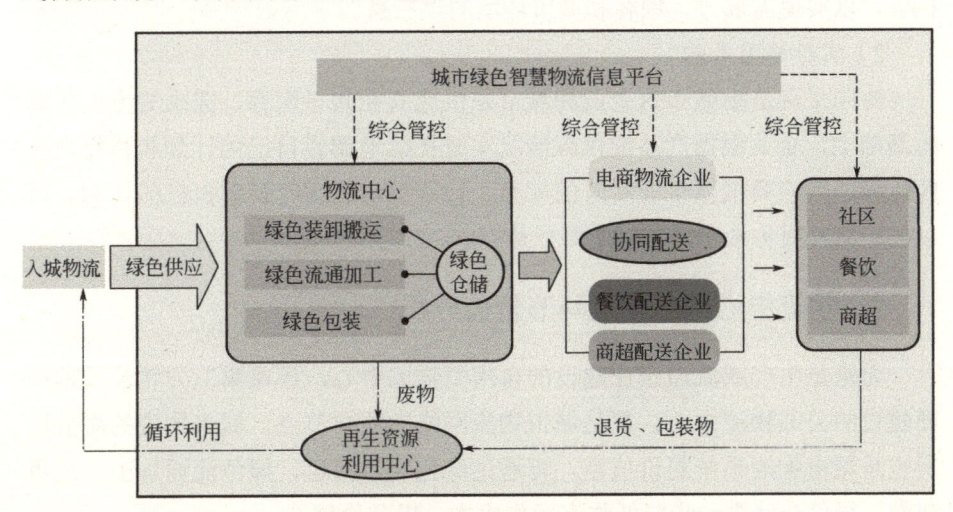

图 2-7 城市绿色智慧物流系统结构

城市绿色智慧物流系统体现了 3R 原则，即减量化（Reduce）、重用（Reuse）、再循环（Recycling），真正实现了以城市需求为基础的物流活动与环境、经济、社会共同发展，通过绿色技术使城市发展过程中的废物量达到最少，并使废物实现资源化与无害化处理，通过智慧技术综合管控城市物流系统，减少资源消耗，提升物流运作效率。总体上说，整个系统包括入城物流的绿色供应，物流中心的绿色配送、绿色装卸搬运、绿色流通加工、绿色包装、绿色仓储，城市物流企业的协同配送以及基于再生资源的逆向物流实施等环节可实现节约成本，创造城市物流社会价值。

1. 入城物流绿色化价值分析

入城物流是整个城市物流系统的开始，大部分城市配送物品都来自城市以外。按照绿色物流的减量化原则要求，城市所需的入城供应物资都必须具有环境友好的特性，不仅无毒、无副作用，而且也是减量化的、便于拆卸和再循环的。

1）绿色供应商的选择与管理

在此阶段需要考虑到供应商提供的材料是否具有污染性、生产制造过程是否是清洁的，运输过程是否能够节省能源等因素。通过与供应商的沟通，企业对供应商的产品提出要求，目的就是降低材料使用，减少废物产生。最大限度地关心产品的使用效率及环境效益，尽可能地减少产品对环境带来的损害，以实现需求方、顾客和城市环境的"三赢"。

2）实行协同采购

协同采购是指城市内企业和城市外供应商在共享库存、需求等方面信息的基础上，企业根据产品的供应情况实时在线地调整自己的计划和执行交付的过程。供应商根据企业实时的库存、计划等信息实时调整自己的计划，可以在不牺牲服务水平的基础上降低库存。

2. 物流中心绿色物流环节价值分析

无论是生产或流通企业建设的自用型物流中心，还是第三方物流或地产商建设的公共物流中心，都是城市物流网络的重要节点，城市物资的集散场所也是城市物流系统的价值点，可通过绿色装卸搬运、绿色流通加工、绿色包装、绿色仓储进一步降低物流运作成本，提升价值。

1）绿色装卸搬运

绿色装卸搬运是为了尽可能减少装卸搬运环节产生的粉尘烟雾等污染物而采取的现代化的装卸搬运手段及措施。可通过消除无效搬运，提高搬运活性,创造易于搬运的环境和使用易于搬运的包装等手段节省搬运成本,同时注意货物集散地的污染防治工作,保证装卸搬运的绿色高效。

2)绿色流通加工

流通加工具有较强的生产特性,容易创造附加价值,对环境的影响主要表现在分散的流通加工过程能源利用率低,产生的边角余料、排放的废气、废弃物等污染周边环境,还有可能产生二次污染等。可通过绿色流通加工途径,以规模化、专业化的作业方式提高资源利用率。

3)绿色包装

绿色包装指采用节约资源、保护环境的包装。可使材料最省,废弃物最少,且节省资源和能源,易于回收再利用和再循环,废弃物燃烧产生新能源而不产生二次污染,包装材料最少和自行分解,不污染环境。

4)绿色仓储

绿色仓储要求仓库布局合理,以节约运输成本。布局过于密集,会增加运输的次数,从而增加资源消耗;布局过于松散,则会降低运输的效率,增加空载率。仓库建设前应当进行相应的环境影响评价,充分考虑仓库建设对所在地的环境影响。

3. 城市物流企业协同配送价值分析

协同配送指通过统一的城市物流信息平台综合管控,由多个企业联合组织实施的配送活动。它主要是针对某一地区的客户所需要物品数量较少而使用车辆不满载、配送车辆利用率不高等情况。协同配送可以最大限度地提高人员、物资、资金、时间等资源的利用效率,取得最大化的经济效益。同时,可以去除多余的交错运输,并取得缓解交通拥堵、保护环境等社会效益。对企业界而言,向物流绿色化推进就必须实行共同配送,以节约能源,防止环境污染。

4. 逆向物流价值分析

在城市中构建逆向物流服务体系,将主要区域和主要行业、主要企业的逆向物流活动进行有效整合和统一,形成逆向物流一体化发展模式,可以提高逆向物流的作业效率与经济收益,减少物品的无效移动。运用逆向物流对电子产品、汽车产品、生产生活废弃物等进行直接再利用、修理或修复和再处理,从而实现减少环境污染、提高资源利用效率和创造经济价值的目标。

2.4.4 城市绿色智慧物流总体价值分析

城市绿色智慧物流发展不仅对环境保护和经济的可持续发展具有重要的意义，还会给企业带来巨大的经济效益。国内外实践证明，绿色智慧物流是有价值的，这种价值不仅体现在概念层次上，还体现在实实在在的经济价值上。

1. 城市绿色智慧物流的社会价值

城市绿色智慧物流的社会价值主要体现在概念上，包括环境的保护，社会资源的节约，企业形象的提升几个方面。

1）城市绿色智慧物流有利于社会经济可持续发展

绿色智慧物流是建立在保护城市环境和可持续发展的基础之上的，强调在物流活动全过程采取与环境和谐相处的理念和措施，减少物流活动对城市居民生存环境的危害，避免资源浪费，因此有利于社会经济的可持续发展。

2）城市绿色智慧物流有利于树立企业形象

绿色智慧物流对于企业来说，也具有明显的社会价值。企业伦理学指出，企业在追求利润的同时，还应该努力树立良好的企业形象、企业信誉，履行社会责任。随着可持续发展观念深入人心，绿色理性消费成为一种新的消费理念，消费者对企业的接受和认可不再仅仅关注其是否能够提供质优价廉的产品和服务，越来越关注企业是否具有社会责任感，即企业是否节约利用资源，企业是否对废旧产品的原料进行回收，企业是否注意保护环境。因此，发展绿色物流有利于提高企业在消费者心目中的形象。

2. 城市绿色智慧物流的经济价值

城市绿色智慧物流的经济价值体现在城市物流企业实体发展，降低企业物流成本，提升品牌形象，增强其竞争力。

1）城市绿色智慧物流有利于企业获得竞争优势

如果一个企业想要在竞争激烈的经济市场中有效发展，它就不能忽视日益明显的环境信号。对各个企业来说，肩负这一责任并不意味着经济上的损失，因为符合并超过政府和环境组织对某一工业的要求，能使企业减少物料和操作成本，从而增强其竞争力。实际上，良好的环境行为恰是企业发展的马达而不是障碍。绿色智慧物流的核心思想在于实现企业物流活动与社会和生态效益的协调,以此形成高于竞争对手的相对优势,从而在激烈的竞争中获得发展。

2)城市绿色智慧物流有利于企业降低成本

绿色智慧物流是企业最大限度提高运作效率、降低经营成本的必由之路,强调的是低投入、大物流的方式。显而易见,绿色智慧物流不仅能实现一般物流所追求的降低成本的目标,更重要的是实现物流的绿色化和节能高效、少污染,由此可以带来物流经营成本的大幅度下降。2015年,城市物流规模达到了2.1万亿元,通过城市绿色智慧物流的推广,节约成本20%左右,具有可观的经济价值。

3)城市绿色智慧物流可以提高企业的品牌价值

品牌价值是由市场占有率、品牌的超值创利能力、品牌的发展潜力等因素决定的。绿色智慧物流从产品的开发设计,整个生产流程,到其最终消费都纳入了对环境因素的考虑,其构建不但可以降低旧产品及原料回收的成本,而且有利于提高企业形象、企业声誉,提高市场占有率,从而增加品牌价值和寿命,间接地增强企业的竞争力。

3. 城市绿色智慧物流的环保价值

城市物流活动的诸多方面都会对环境造成负面影响,这种影响的程度随着经济的发展而加剧,会对社会经济的可持续发展产生消极影响。物流要发展一定要与社会的可持续发展相互配合,人类的经济活动绝不能因物流而过分地消耗资源,破坏环境,以至造成重复污染。大力加强对物流绿色化的政策和理论体系的建立和完善,对物流系统目标、物流设施和物流活动组织等进行改进与调整,实现物流系统的整体最优化和对环境的最低损害,有利于减少能源消耗、降低碳排放和促进经济与环境协调发展。

参 考 文 献

[1] 胡荣. 智慧物流与电子商务 [M]. 北京:电子工业出版社,2016.

[2] 秦四平. 物流经济学 [M]. 北京:北京交通大学出版社,2014.

[3] 张福生. 物联网:开启全新生活的智能时代 [M]. 太原:山西人民出版社,2010.

[4] 胡云超,申金升,黄爱玲. 城市绿色物流配送体系构建研究 [J]. 物流技术,2012,31(15):56-59.

[5] 枭冬. 城市配送前景看好 绿色物流亟待强化 [N]. 现代物流报, 2013-06-21 (A05).

[6] 许笑平. 绿色物流的发展障碍与推进策略 [M]. 北京: 清华大学出版社, 2012.

[7] 吴功宜. 智慧的物联网 [M]. 北京: 机械工业出版社, 2011.

[8] 刘敏. 电子商务物流管理 [M]. 北京: 中国铁道出版社, 2011.

[9] 张龙, 池洁. 城市物流绿色化对策分析 [J]. 重庆工商大学学报（自然科学版）, 2010, 27 (4): 390-393.

[10] 丁俊发. 中国供应链管理蓝皮书 [M]. 北京: 中国财富出版社, 2016.

[11] 魏然. 基于绿色理念的城市物流规划策略 [J]. 综合运输, 2009 (6): 36-40.

[12] 袁伯友. 国外城市物流绿色化的实践及经验借鉴 [J]. 生态经济, 2009 (8): 154-157.

[13] 文轩. 交通运输部: 城市公交新能源车比例不低于 30% [N]. 科技日报, 2014-09-29 (009).

[14] 刘宝红. 采购与供应链管理: 一个实践者的角度（第2版）[M]. 北京: 机械工业出版社, 2015.

[15] 刘璐. 我国生态城市的绿色物流规划研究 [J]. 信息化建设, 2016 (3): 382.

[16] 陈会星. 物流产业价值链运行机制研究——以遵义市为例 [J]. 商, 2014 (24): 219.

第3章

城市绿色智慧物流经济特性及实现途径

城市绿色智慧物流具有可持续发展、环境友好、快捷高效、自主可控等特性，是城市物流未来的发展方向，本章对城市绿色智慧物流经济特性和发展所涉及的要素进行详细分析，通过城市绿色智慧物流发展技术的研究，结合城市绿色智慧物流实现的途径，提出建设电动物流车租赁信息平台为实现城市绿色智慧物流的最终方式。

3.1 城市绿色智慧物流经济特性分析

为全面了解城市绿色智慧物流的经济特性，明确城市绿色智慧物流各经济特性产生的原因及其之间的因果关系，本节从绿色化、智慧化两大基本点出发分析城市绿色智慧物流所涉及的经济特性，具体分析如图3-1所示。

如图3-1所示，城市绿色智慧物流是面向市场提供的兼具公益和盈利性质的服务，其服务对象广泛，包含城市内居民、商超等；而城市物流的发展规模与速度也是本书重点研究的内容；城市物流的智慧化和绿色化将有效促进城市物流资源的整合，降低城市物流成本，成为城市新的经济增长点。因此，本书认为城市绿色智慧物流的经济特性主要有市场规模与发展速度、服务对象、规模经济、资源整合和边际成本控制等。

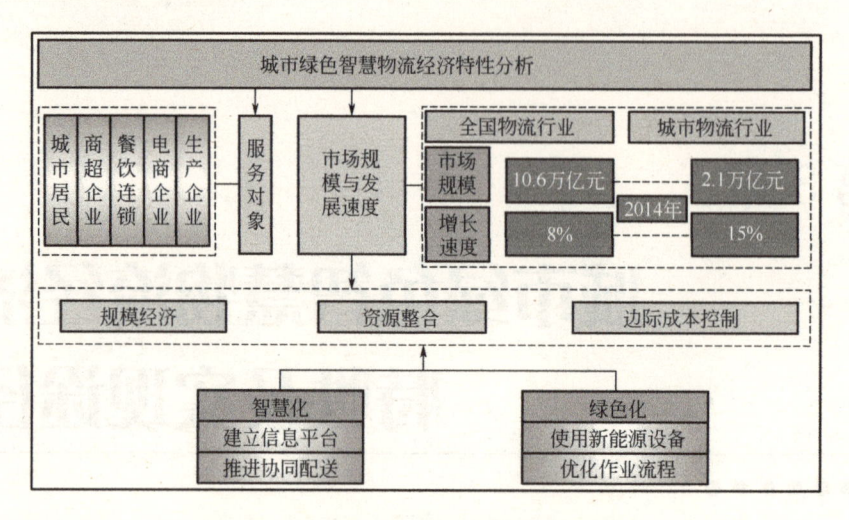

图 3-1 城市绿色智慧物流经济特性分析

3.1.1 市场规模与发展速度

根据中国物流与采购联合会发布的报告显示，2010年我国社会物流总费用为7.1万亿元，2016年增长至11.1万亿元，其间虽然我国社会物流总费用增速有所放缓，但增长潜力仍然较大。从2016年全年来看，2016年全年社会物流总额达到229.7万亿元，同比增长6.1%；全年社会物流总费用超过11.1万亿元，同比增长2.9%。我国社会物流总费用的放缓对应于高速发展的经济市场来看，一方面，随着人们消费水平的提升和国家产业转型等，单位物流成本的承载力提升，且提升速度高于电商发展速度；另一方面，由于物流区域化、规范化，物流速度大幅提升，仓储成本也得到一定程度的节约。

城市物流方面，2015年城市物流总费用约占社会物流总费用的20%，达到2.1万亿元，同比增长15%以上。对于国内商业企业来说，物流服务主要在于市内配送，占比达到了66%，主干线运输占比为51%，纯仓储服务占比仅为29%，包装服务占比为9%。城市物流配送服务的占比提高，一方面是响应了国内物流区域化的发展方向；另一方面是国内电商市场在全国范围内的布局逐步开展，尤其是在三四线城市的站点铺设，大大节约了运输成本。预计未来城市物流市场规模将继续扩大，城市绿色智慧物流作为城市物流未来的发展方向，还处于起步阶段，占城市物流市场份额较少，但其市场规模与发展速度将会在近几年快速增长，以适应城市物流未来的发展需求。

3.1.2 服务对象

城市绿色智慧物流的服务对象主要有城市商超企业、城市餐饮连锁企业、城市电商企业、城市生产企业和城市居民等。

城市商超企业作为城市内分布最广泛的商业群体，是城市绿色智慧物流服务最广泛的对象之一。通常城市物流为商超企业提供百货商品的运输与配送服务。商超企业也分为连锁型商超和个体经营商超，不同类型的商超企业享受的服务也不相同。连锁型商超更加依赖城市物流的运输服务，必须通过城市物流来完成商品的储运和门店之间的补货，连锁型商超物流需求更加稳定，城市绿色智慧物流能够很好地切合商超企业的发展需求。

传统城市餐饮连锁企业在原材料的采集上更加依赖城市物流，但是随着近几年城市外卖市场兴起，越来越多的餐饮企业正在寻求餐饮配送的新模式，如借助第三方配送企业完成外卖配送。相信在未来，城市绿色智慧物流将成为"互联网+餐饮"的新宠。

城市电商企业作为近几年电子商务环境热潮中的后起之秀，逐渐成为城市配送需求的主力军，部分电商企业也开始采用自建物流的形式来加强城市物流的末端配送，随着平台化和规模化的深入，城市绿色智慧物流将会充分发挥智能化的特性，为电商企业的末端配送提供新的动力。

城市工业企业是传统行业城市物流需求的代表，城市物流提供的主要服务是工业原材料及产品的运输和配送，与电商企业相似，城市绿色智慧物流将进一步促进工业企业的发展。

城市居民是城市物流的最直接受益者，城市居民主要通过快递企业获得物流服务，2016年我国快递总数量达到312.8亿件，同比增长51.4%，已超越美国成为第一快递大国，未来城市绿色智慧物流市场将随着快递市场不断走向繁荣。

3.1.3 资源整合

城市绿色智慧物流以资源高效利用为目标，借助先进的信息技术和智慧化的管理方式，通过高效的仓储管理和科学的分拨调配，应用协同配送、线路优化等手段，实现城市物流系统资源整合，达到消除重复作业、减少资源消耗、提高物流设施和配送车辆的利用率等目的，对减轻城市交通和污染压力起到了重要作用。

资源整合的内容主要分为两个方面：内部资源整合和外部资源整合。内部资源整合主要是针对主体企业内部，城市物流的服务主体包括物流企业、快递公司、交通运输企业及商业企业等。内部的资源整合即消除组织障碍，挖掘企业结合部价值。城市物流企业许多活动与其内部多个部门有关，企业内部资源整合就是通过智慧化的信息管理系统，由物流企业内各部门对物流企业的物流作业全过程进行统一管理，理清部门之间的利益，进行总成本权衡，并且剔除部门衔接处的重复操作和多余环节，以挖掘部门之间结合部的价值，降低物流总成本。

外部资源整合是针对城市内的各类物流企业，强调物流企业之间的合作关系，包括能力资源和信息资源的整合。在政府主导的形式下，进行物流设施设备的建设，推出新的服务模式，建立广泛的战略联盟来建立和完善物流服务网络。以物流服务模式创新来整合城市物流企业能力资源，将有效地避免仅仅是为了"做大"所进行的整合和整合以后的"貌合神离"。所谓 1+1>2 的部分就源于物流服务模式的创新。信息资源整合则是通过建立统一的信息平台，加强竞争企业的信息共享，加强供需双方的信息交换，以此来完善城市绿色智慧物流的"神经网络"。

3.1.4 规模经济

城市绿色智慧物流规模经济的含义是城市绿色智慧物流在城市物流网络中随着自身物流产出的扩大而使得物流成本降低的现象。城市绿色智慧物流将现有小而散的城市物流企业整合为一个整体，提高城市物流市场的专业化、标准化水平，通过物流资源整合，扩大城市物流业的规模，有助于城市物流企业降低成本、提高效益。

具体而言，要实现城市绿色智慧物流的规模经济需要有以下三类要素的支持。首先是物流各个功能的技术发展水平。物流的功能主要包括运输、储存、搬运、包装、流通加工、配送、信息处理等。在技术经济上单个物流功能的规模经济性和它们之间的协调程度决定了整体上城市绿色智慧物流规模的经济性。在现代城市物流中，要想提高物流效率，就要提高物流各个功能子系统块的运作效率，如配备专业化、高水平的自动化物流设施，并将这些功能模块进行很好的衔接与协调。

其次是组织管理能力。城市绿色智慧物流兼具公益和商业性质，其服务主体是城市物流企业。物流企业组织具有综合效应，这种综合效应是组织中的成员共同作用的结果，组织管理就是通过建立组织结构，规定职务或职位，明确责权关系，以使组织中的成员互相协作配合、共同劳动，有效实现组织目标的过程。随着城市物流时空的扩大，其复杂性急剧增加，所以有效的管理是物流企业追求规模经济不可缺少的必要因素。

最后是资本规模。很大程度上，规模经济优势是借助于一些成熟的技术，城市绿色智慧物流各个功能子系统的技术发展水平直接决定了物流系统的规模经济性。城市绿色智慧物流如果要在短时间内在运营过程中实现更大的规模经济性，那就离不开雄厚的资本投入。所以资本的积累及集聚能力是城市绿色智慧物流是否能够实现规模经济的重要因素。

3.1.5 边际成本控制

城市绿色智慧物流的边际成本是指每新增一单物流服务，给城市绿色智慧物流总成本带来的增量。城市绿色智慧物流的建设初期需要投入大量成本，但随着城市绿色智慧物流体系的不断成熟，城市绿色智慧物流的收益逐渐增加，边际成本不断降低，最终总收益将大于总成本，达到盈利目标。

换言之，从长远来看，城市绿色智慧物流市场的参与者会不断涌现，参与者的增加最直接的结果就是物流市场竞争加剧，绿色智慧物流服务提供商们会寻求技术进步以获得发展，它们将带来技术突破，提高生产率，降低绿色物流产品或服务替代品的售价，从而动摇既有体系企业市场中的地位。这样的竞争过程可以带来"生产率极限"和经济学家所说的"最优公共福利"。这就像一个游戏的残局，激烈的市场竞争迫使终极技术诞生，将生产率提高到理论上的最高点，在这种情况下，每新增一单物流服务的成本接近于最低值，这意味着整个城市绿色智慧物流系统趋于稳定。

3.2 城市绿色智慧物流发展要素分析

城市绿色智慧物流的发展是一个逐渐走向成熟的过程，各种发展要素在发展过程中起到不同的作用，其中合作竞争性是发展的基础，不确定性是发展面对的挑战，创新是发展的动力，标准化是发展的基本要求，自主可控、快捷高效、绿色环保和可持续性是发展的最终目标。城市绿色智慧物流发展要素分析如图 3-2 所示。

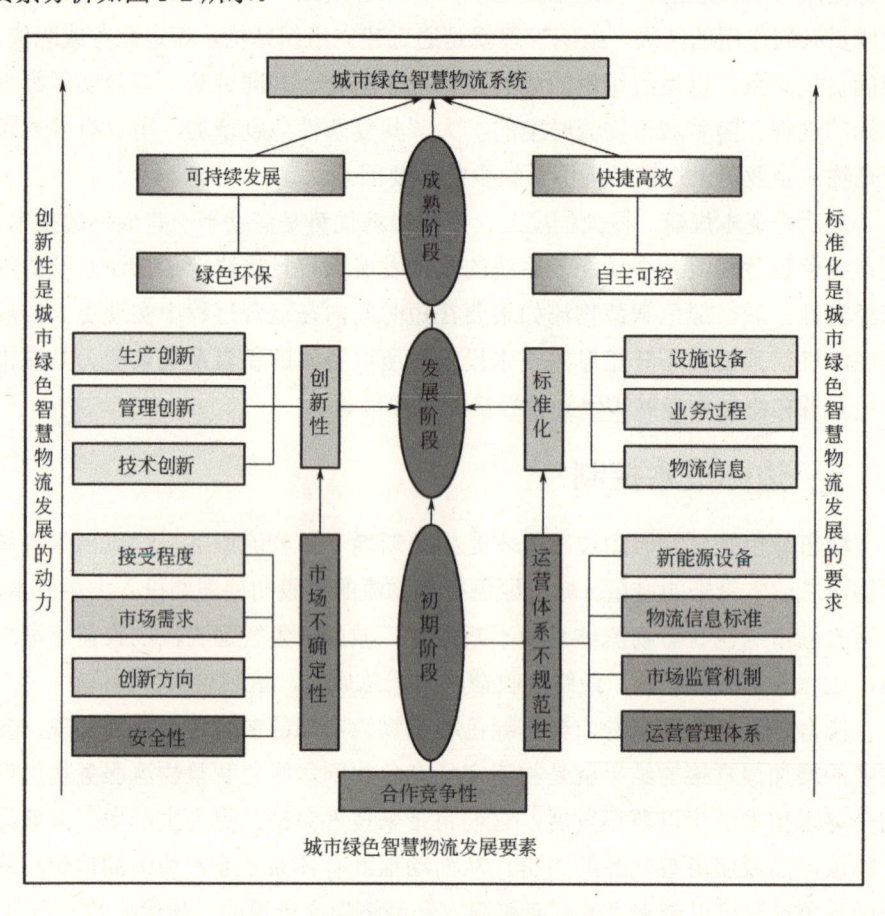

图 3-2　城市绿色智慧物流发展要素分析

如图 3-2 所示，本章从城市绿色智慧物流发展的初期阶段、发展阶段和成熟阶段出发，分析各要素在城市绿色智慧物流发展过程中的作用。

3.2.1　初期阶段城市绿色智慧物流构成要素

城市绿色智慧物流在发展的初期阶段面临着市场的不确定性、运营体系的不规范性和竞争与合作性等问题与挑战。

1. 合作竞争性

城市物流企业是城市绿色智慧物流的经营主体，在城市绿色智慧物流系统中不同的城市物流企业在竞争的同时，更多地表现为相互合作，城市物流企业之间的合作竞争是城市绿色智慧物流体系构成的基础。城市物流企业通过合作竞争，建立城市物流联盟，实现了城市绿色智慧物流的规模经济效应；城市物流企业通过合作竞争，降低了城市物流企业的外部交易成本和内部组织成本，实现了城市绿色智慧物流的成本效益；城市物流企业通过合作竞争，实现了物流资源的互补，实现了城市绿色智慧物流的协同效应；城市物流企业通过合作竞争实现了企业间的相互学习，实现了城市绿色智慧物流的创新效益。

2. 不确定性

不确定性是城市绿色智慧物流发展所面对的挑战，主要包括城市物流企业对城市绿色智慧物流的接受程度不确定、新技术的创新与应用程度不确定、城市物流市场需求的不确定性和城市物流信息安全的不确定性。

1）城市物流企业对城市绿色智慧物流的接受程度不确定

城市绿色智慧物流的概念刚刚提出，各种配套的理论体系还未建立，城市物流企业对城市绿色智慧物流的建设还处于观望阶段。城市物流企业对城市绿色智慧物流的接受程度，直接影响其建设的效果，接受程度的变化是一个重要的不确定性因素。

2）新技术的创新与应用程度不确定

城市物流技术的创新与应用是城市绿色智慧物流发展的动力，但技术创新的方向和应用后的效果具有不确定性，可能对城市绿色智慧物流的发展产生质的影响，从而影响到整个城市绿色智慧发展的进度。

3）城市物流市场需求的不确定性

随着现代城市物流规模的不断扩大和服务内容的持续增加，客户对城市物流服务的需求朝着多样化、个性化方向发展，物流服务市场和需求的不确定性越来越大，给城市物流企业的经营管理带来巨大挑战。

4）城市物流信息安全的不确定性

城市绿色智慧物流的建设需依靠物流信息资源的高度共享来实现，城市物流信息资源包括城市物流企业和客户的关键信息，由于信息安全技术的不确定性，这些信息存在外泄可能，信息安全的不确定性也给城市绿色智慧物流系统的建设带来极大挑战。

3.2.2 发展阶段城市绿色智慧物流构成要素

城市绿色智慧物流发展阶段的主要任务是通过生产、管理、技术的创新及城市绿色物流标准化体系的建立，解决初期阶段的问题与挑战，保障城市绿色智慧物流最终发展成熟。

1. 创新性

创新是城市绿色智慧物流发展的动力，根据物流创新的内容和作用，可归结为物流生产创新、物流管理创新、物流技术创新三个方面。其中物流技术创新是核心，生产创新是前提，管理创新是保障。

1）城市物流生产创新

城市物流生产创新是指在现有的城市物流业务过程中，通过改善城市物流作业设备或优化作业流程来创造新的物流业务过程，以实现城市物流生产成本的降低或作业效率和服务质量的提高。

2）城市物流管理创新

城市物流管理创新是创造一种新的更有效的方法来整合城市物流企业内外资源，以实现既定管理目标的活动。城市物流企业管理创新是一项复杂的系统工程，是企业的管理者根据市场和社会变化，利用新思维、新技术、新方法、新机制，创造一种新的更有效的资源组合方式，以适应和创造新物流市场，从而促进城市物流企业管理系统综合效益的不断提高，最终实现城市绿色智慧物流管理机制的形成。

3）城市物流技术创新

城市物流技术创新是指创新技术在城市物流企业中的应用过程。通过新技术在城市物流企业生产中的应用，实现城市物流作业工具和设备的创新升级，促进城市物流业务过程的不断变革。

2. 标准化

城市绿色智慧物流标准化体系的建立是城市绿色智慧物流快速、健康发展的保障，城市绿色智慧物流标准化体系的构建主要从设施设备的标准化、业务过程的标准化和物流信息的标准化三方面进行。

1）设施设备的标准化

城市绿色智慧物流的发展需要新能源设施与设备的支撑，对城市物流新能源设施与设备进行标准化管理，可降低物流设施与设备的采购成本，增强城市物流企业之间的互通性，有利于协同配送模式的推进。

2）业务过程的标准化

城市物流业务过程的标准化有利于城市物流企业对自身物流过程的管理，通过制定合理的标准化业务过程，也增强了企业对各部门组织的管理，提高了城市物流企业的作业效率，为城市物流企业共同配送奠定了基础。

3）物流信息的标准化

城市物流信息的标准化能够使城市绿色智慧物流的各个子系统数据实现标准化，减少各系统之间的沟通障碍，同时也可以增强不同城市物流企业之间信息的可用性，使物流信息的价值增加，为协同配送等协同模式提供了信息支持。

3.2.3 成熟阶段城市绿色智慧物流构成要素

城市绿色智慧物流发展的最终目标是建立一个自主可控、快捷高效、绿色环保和可持续发展的城市物流系统。成熟阶段的城市绿色智慧物流兼具初期和发展期的一些技术特征，同时也具以下特性。

1. 自主可控性

城市绿色智慧物流系统的智慧性主要表现为整个系统的自主可控。自主可控有两层含义：首先是自主，其次才能达到真正的可控。现阶段我国在物流领域的技术实践尚不能完全实现自主化，高端物流技术的应用大部分兴起于国外，产品的国产化还停留在基于国外核心技术的基础上，这并不是真正的自主化，信息的安全性也得不到保障。真正的自主化是具备能够掌握和修改现有物流产品和技术、能完全自主开发、完全拥有自己产品知识产权并能自主控制产品和技术的发展。

因此从狭义上讲，城市智慧物流系统的自主可控主要是相关产品技术的自主可控，即在城市智慧物流系统的建设中，使用真正具有国产自主化的软硬件产品和技术，这是城市智慧物流系统自主可控的实现基础。广义上的自主可控则是城市智慧物流系统通过信息化网络，实现对全部物流环节的监控，并以城市物流系统整体最优为原则，自主地对各个物流环节进行调控管理。

2. 快捷高效性

城市绿色智慧物流系统通过使用新能源配送车辆和节能环保型物流设施、优化物流作业过程、促使企业展开协同配送等手段，提高整个城市物流系统的作业效率和资源的利用率，从而为客户提供快捷高效的物流配送服务，满足客户个性化的需求。

成熟阶段城市绿色智慧物流的快捷性主要体现在城市绿色智慧物流系统的运作可视化，在数字化的物流路径追踪系统中，无论是物流服务提供商，还是物流服务的使用者，都能看到当前的物流产品状况，服务使用者能够根据自身物流需求选择不同的服务类型和内容，服务供应商则根据顾客需求迅速做出反应，从整体最优的角度分配服务人员、规划配送路径。快捷性强调了物流的速度，物流活动更加贴近客户。高效性主要体现在整个物流过程的高效，凝聚多方城市物流企业，凭借优秀的信息处理和路径规划能够提高系统配送效率，减少电动物流车的空载运输，使物流成本进一步降低。城市绿色智慧物流系统的便捷高效性更加依赖现代物流技术手段的应用。

3. 绿色环保性

城市绿色智慧物流绿色环保性主要体现在节省大量化石燃料消耗，可以减少 PM2.5 及 CO_2 消耗。电动物流车的投入及统一调用减少了货车运行次数与城市内部运输时间、距离，能够缓解城市交通压力，同时减少车辆引发的环境问题，能够增加城市居民城市内部出行幸福感。

相对于传统城市物流，城市绿色智慧物流在物流业务的各个环节中降低了对城市环境的影响，抑制了物流对环境造成的危害，节约了社会资源，降低了污染处理的成本；不仅带来城市环境绿色化生态效益，也能够减少城市内部运输成本，降低城市企业与居民支付委托运输服务成本；不仅可以增加城市软实力竞争力，也能够减少企业与居民经营与生活成本压力，促进城市经济和消费生活绿色健康发展。

4. 可持续发展

城市绿色智慧物流行为的主体是城市内专业物流企业或企业的物流部

门，也包含相关的生产企业与消费者。在可持续发展的过程中，绿色物流是必不可少的环节，其具备保护环境和节约资源的能力。城市绿色智慧物流强调全局和长远的利益，强调全方位对环境的关注，体现了企业绿色形象，是现代物流发展的新趋势。绿色物流的理念与可持续发展的观点相契合。

城市绿色智慧物流减少了对环境的污染，同时减少了资源的浪费消耗，通过升级物流设施与设备、使用绿色能源、优化城市物流作业流程等方法，使当前阶段的城市物流作业降低了对自身及其他方面的不良影响，改变了原有经济发展与物流之间的单向作用关系，节约了社会资源，抑制了物流对环境造成的危害，实现了城市物流的可持续发展。

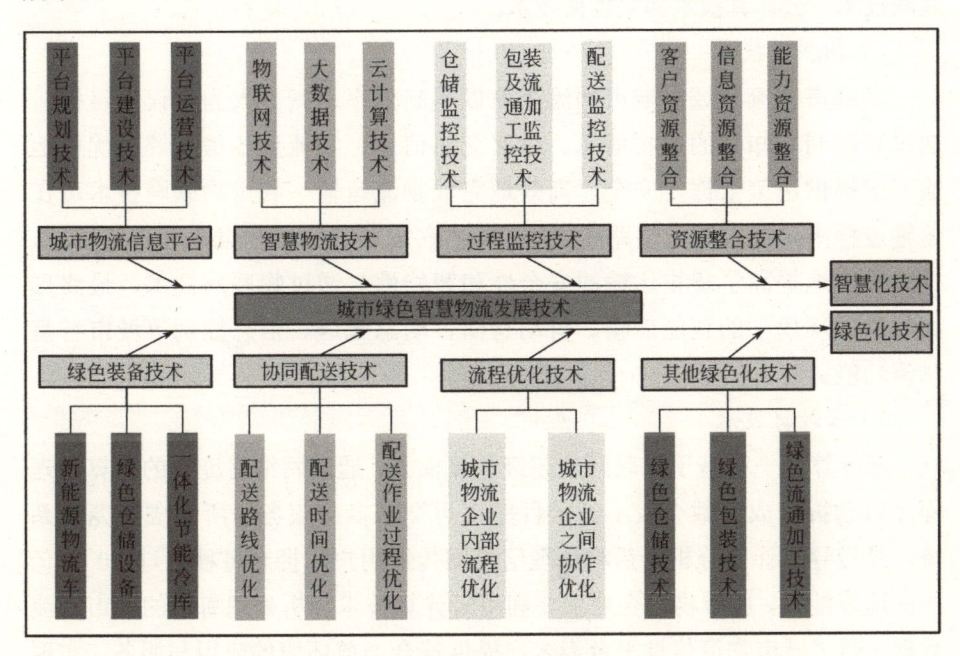

3.3 城市绿色智慧物流发展技术研究

城市绿色智慧物流的建设离不开现代物流技术与装备的支撑，通过绿色化技术和智慧化技术的融合应用，实现城市绿色智慧物流的建设，如图3-3所示。

图 3-3　城市绿色智慧物流发展技术

如图 3-3 所示，城市绿色智慧物流发展的智慧化技术有城市物流信息平台、智慧物流技术、过程监控技术和资源整合技术，绿色化技术有绿色装备技术、协同配送技术、流程优化技术和其他绿色化技术。

3.3.1 智慧化技术

1. 城市物流信息平台

城市物流信息服务平台可整合城市物流供需资源，为用户提供采购、交易、运作、跟踪、管理和结算等全流程服务，具有城市物流联网调度和物流资源整合的功能。城市物流信息平台需经过合理的规划，系统的建设和科学的运营，才能满足城市智慧物流的发展需求，为城市物流和城市经济的发展注入新动力。

2. 智慧物流技术

智慧物流需依靠智慧物流技术的支持来实现，智慧物流技术主要包括物联网技术、云计算技术和大数据技术。

1）物联网技术

在城市物流领域，城市物流企业以提高效率、减少人为错误为目标，通过物联网感知到的货物信息、道路交通信息、物流设备信息等为优化运输方案提供决策依据，安全、高效地完成物流运输。利用物联网技术可在运输过程中实现实时运输路线追踪、货物在途状态控制和自动缴费等功能，极大程度地提高了货物运输的安全性和智能性。通过物联网技术，最终形成物联网环境下的智能运输、自动仓储、动态配送、信息控制等城市智慧物流功能。

2）云计算技术

云计算是一种基于互联网的超级计算模式，通过网络将庞大的计算处理程序自动拆分成无数个较小的子程序，再交由多部服务器所组成的庞大系统，经搜寻、计算分析之后将处理结果回传给用户，拥有每秒超过 10 万亿次的运算能力。城市物流企业主要利用云计算技术分析处理海量的城市物流数据，通过城市物流信息平台为客户提供符合当前环境的应用与服务，实现城市物流资源共享、资源自动分配和动态调整的功能，提高城市物流系统的运行效率。

3）大数据技术

城市物流大数据是由数量巨大、结构复杂、类型众多的数据构成的城市物流数据集合，是基于云计算的数据处理与应用模式，通过数据的整合共享、交叉复用形成的城市物流智力资源和知识服务能力。城市绿色智慧物流利用大数据技术进行物流商务预测、物流数据挖掘等应用，实现分析、预测和诱导交通流，客户选择服务提供建议，极大地促进了城市物流产业优化和管理的透明度，实现城市物流产业各个环节的信息共享和协同运作，以及社会资源的高效配置。

3. 过程监控技术

为实现城市物流过程的透明化和可视化，需利用各种感知和监控设备对城市物流活动的各个环节进行全程监控，并应用智慧物流技术对监控数据进行分析处理，实现各个物流环节的动态调整，提高城市物流系统的作业效率。城市物流过程监控主要包括仓储环节监控、配送环节监控和包装及流通加工环节监控等。

4. 资源整合技术

城市物流企业资源整合包括客户资源整合、能力资源整合和信息资源整合。

1）客户资源整合

城市物流企业必须创建并维护良好的客户关系，从而延长客户的使用寿命，达到客户的寿命周期价值最大化。通过分析客户资料、客户的购买行为，对客户实施分类管理，实施专家营销，提供个性化服务、帮助客户重整业务流程等都是整合客户资源的有效方法。

2）能力资源整合

城市物流企业的能力资源不仅包括城市物流设施与设备这样的实体资源，还包括物流知识、管理方法等无形资源。城市物流企业能力资源整合主要通过推出新的服务产品和建立广泛的战略联盟来实现。以物流服务创新来整合能力资源，将实现资源的高效利用，提高各城市物流企业的经济效益。

3）信息资源整合

物流信息资源整合是指运用现代计算机和网络技术，利用信息流整合物流，利用信息处理方面的专业化优势调控物流，使物流的各方面运作得到全方位的提升。物流信息资源的整合可在降低成本的同时，保证供货速度的提高，以良好的服务品质，增加客户满意度，扩大市场占有率，从而提高城市物流企业的竞争力。

3.3.2 绿色化技术

1. 绿色装备技术

城市物流设施与设备是实现城市物流活动的物质基础，为实现城市绿色物流，对现有的物流设施与装备进行绿色化升级是必要的。通过使用新能源配送车辆和绿色仓储设备、建设一体化节能冷库等途径，改变物流设备能源的消耗方式，提高设备的工作效率和能源的利用率，实现城市物流设备的绿色化。

2. 协同配送技术

针对目前城市物流企业配送车辆利用率低、配送服务效率低、造成城市交通拥堵和环境污染等现状，城市绿色物流发展过程中可采取建立城市物流信息服务平台，对配送车辆、货源、道路等进行实时监控，促使多家城市物流企业形成战略联盟，以推进协同配送，实现配送车辆的动态调度和配送路线的实时优化，最终达到提高配送车辆利用率、减少交通拥堵、缓解城市环境污染压力等目的。

3. 流程优化技术

城市物流流程优化的主要途径是物流设备的更新、能源消耗方式的改善、作业环节的简化和时序的调整等。城市物流企业流程的优化主要分为城市物流企业内部流程优化和城市物流企业间协作流程优化。城市物流企业内部流程优化主要通过更新配送设备、优化各个物流环节的衔接和人员操作过程，来提高城市物流企业内部作业效率；城市物流企业间协作流程优化主要通过建立标准化的城市物流作业流程、简化企业间的协同作业环节、提高信息的共享能力来实现不同城市物流企业间的高效协作，为城市物流协同配送模式奠定良好基础。

4．其他绿色化技术

1）绿色仓储技术

绿色仓储要求仓库布局合理，充分考虑仓库建设对所在地的环境影响，通过采用现代储存保养技术、使用环保型的仓储设备和高效的仓储信息管理系统，提高仓储系统的利用率，减少仓储过程对环境的影响，最终实现绿色仓储。其核心要求是节能环保，包括节地、节电、节水、节材、减少碳排放。主要包括规划建设绿色仓库建筑，包括仓库选址、设计立体仓库、充分利用自然光等，选择绿色仓库建筑材料（环保材料，可循环利用等）；推广应用节能环保的仓储设备与技术（货架、叉车、托盘、信息化设施）与冷库节能技术；利用仓库屋顶实施光伏发电。

2）绿色包装技术

绿色包装指采用节约资源、保护环境的包装。通过使用有利于回收利用、易于降解、可持续发展的环保型包装材料和自动高效的包装机械，可减少物流包装对环境的影响。其中新型包装材料的研发和合理的包装设计是实现物流包装绿色化的关键。

3）绿色流通加工技术

绿色流通加工是在流通过程中继续对流通中的商品进行生产性加工，以使其成为更加适合消费者需求的最终产品。绿色流通加工技术主要通过变消费者分散加工为专业集中加工，以规模化作业方式提高作业效率和资源利用效率，并集中处理加工过程中产生的边角废料，减少消费者分散加工所造成的资源浪费和环境污染，以达到绿色流通加工的目标。

3.4 城市绿色智慧物流实现途径

城市绿色智慧物流体系的构建可通过优化城市物流企业服务模式、升级城市物流设施与设备和推进城市物流智慧化建设等途径来实现。本书结合城市绿色智慧物流体系的实现途径，依靠政府的支持与保障，提出建设电动物流车租赁信息平台为实现城市绿色智慧物流的最终方式。城市绿色智慧物流实现途径分析如图3-4所示。

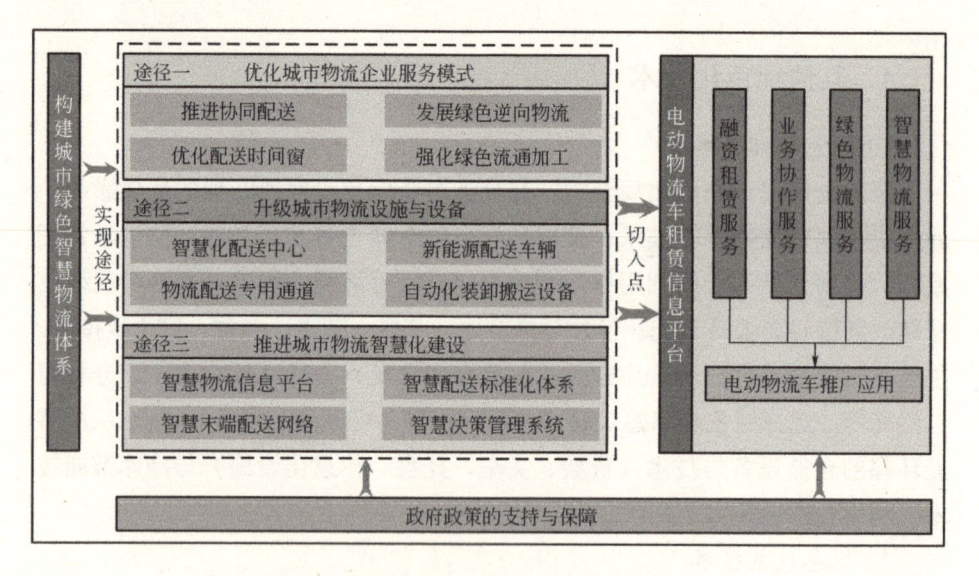

图 3-4　城市绿色智慧物流实现途径分析

3.4.1 城市绿色智慧物流体系构建途径

1. 优化城市物流企业服务模式

城市物流主要分为轮辐式模型与点对点模型，类比网络文件传输，存在内网文件传输（点对点传递）和外网文件传输（从一级路由器再次信息匹配分配传递）。当前国内外城市绿色物流主要有三种发展模式——货运巴士、共同配送、货运的士。针对不同情况，三类模式的适用性不同。对时效性要求高，物流需求量较大的服务可以采用共同配送的服务模式，时效性和物流需求量均在较低水平时可考虑货运巴士模式，货运的士模式的运用则更加灵活。无论是采用上述哪一种模式，都离不开物流公共信息服务平台的支持。

2. 升级城市物流设施与设备

城市物流设施与设备是城市物流活动的物质基础，物流设施的布局水平、物流设备的选择与配置是否合理，都直接影响城市物流的运作方式和运行效率，城市物流设施与设备的升级是实现城市绿色智慧物流的基础，通过建设绿色智能化的城市物流配送中心、设置城市物流配送专用通道、使用自动化的装卸搬运设备和新能源配送车辆等措施，可实现对现有的城市物流设施与装备的智能化、绿色化升级，从而推进城市绿色智慧物流建设。

3. 推进城市物流智慧化建设

实现城市物流智能化的基础是建立完善的城市智慧物流系统。为推进城市物流智慧化建设，要以建立完善的城市物流智慧化配送网络，将所有的配送环节和节点高效、智能衔接为基础，制定智慧物流作业标准化体系为目标，通过城市绿色智慧物流公共信息服务平台，将城市物流业务整合化管理，并结合智慧决策系统对城市物流活动进行统一的协调调配，保持城市物流系统高效运转，进而实现城市绿色智慧物流的建设。

3.4.2 电动物流车租赁信息平台

基于城市物流发展现状分析，结合城市绿色智慧物流发展需求，综合考虑城市绿色智慧物流实施途径，初步设计依靠政府扶持，建立电动物流车租赁信息平台，以推进电动物流车快速应用，改善城市物流企业作业方式，优化城市物流配送体系，引导传统城市物流企业向现代城市物流企业转型的方案作为推进城市绿色智慧物流建设的落地点。

1. 政府政策支持是城市绿色智慧物流建设的保障

政府在整个城市绿色智慧物流建设过程中扮演着引导者的角色，政府通过制定合适的优惠政策，吸引城市物流企业积极参与到城市绿色智慧物流的建设中，支持电动物流车租赁信息平台的建立，推进电动物流车的普及运用。

2. 电动物流车是实现城市绿色智慧物流建设的载体

电动物流车作为城市绿色智慧物流的末端配送设备，结合智慧化的城市物流调度控制系统，可高效、环保地完成城市物流配送作业，满足城市物流发展要求。电动物流车的技术性能必须满足城市物流配送作业的要求，才能高效完成城市物流配送作业。城市物流企业对电动物流车的技术要求如表3-1所示。

表3-1 城市物流企业对电动物流车的技术要求

续航里程	快速充电时间	适用温度	安全性
200～250km	≤50min	-30℃～55℃	高
爬坡坡度	载重量	购车成本上限（万元）	稳定性
≥20%	≥0.6t	40～50	强

由表3-1可知，电动物流车要具备较强的温度适应性、较长的里程续航能力、较强的路面适应性、较大的装载能力、快速充电能力及配备完善的电子信息系统，才能满足城市物流配送的需求。

3. 电动物流车租赁信息平台是电动物流车推广的途径

由于电动物流车的一次性购车成本过高，大部分城市物流企业无法承担，建立完善的电动物流车租赁信息平台便成为推广电动物流车的重要途径。

1) 电动物流车租赁信息平台的主要功能

电动物流车租赁信息平台是一个集融资租赁服务、业务协作服务、绿色物流服务、智慧物流服务功能于一身的综合性信息服务平台。它除了为城市物流企业提供电动物流车租赁服务，保障城市物流企业长期稳定的使用电动物流车进行物流配送作业外；还提供车辆的维修保养、定期检查、充电设施的建设、维护、运营等服务，为城市物流企业提供一体化的配套服务；它还为城市物流企业提供车辆监管调配等信息服务，通过平台的资源优化能力，实现城市物流运力整合，为城市物流企业创造更高的效益；基于平台的规模效益，有助于实现配送车辆的标准化和进行统一的监管。

2) 电动物流车租赁信息平台与其他购车方案对比

目前，城市物流企业可以通过以下四种方式获得电动物流车，具体方案和各自特点如表3-2所示。

表3-2 电动物流车购置方案及特点

一次性付款购买方案	分期付款购买方案
一次性支出金额巨大 对车辆拥有绝对使用权	多次付款减少资金链压力 总支出大于一次性付款购买支出

续表

租赁信息平台租用方案	政府补贴购买方案
租赁成本较低 可提供充电、维修、保养一体化服务 为物流企业提供运力整合服务	减少企业购车成本 促进电动物流车普及 给政府财政带来一定的压力

由表 3-2 可知，一次性付款购买的一次性支出金额过于巨大，大多数物流企业不能承受如此巨额的支出；分期付款购买不必一次性支出巨额的费用，可缓解资金链的压力，但是分期付款的最终购入成本要远大于一次性购买的成本；政府补贴购买可直接为城市物流企业节省一部分购车费用，缓解城市物流企业的购车压力，但政府财政补贴有限，不能从根本上解决城市物流企业的购车成本压力。相较于以上三种购车方式，通过租赁信息平台租用电动物流车有着租赁费用小、使用成本低、规模效应高的优势。

电动物流车的顺利推广是城市绿色智慧物流实现的基础，电动物流车租赁信息平台的建设是方案实施的核心，通过政府的政策鼓励和资金支持，引导城市物流企业使用电动物流车，改善原有配送作业方式，可完成城市绿色智慧物流系统的建设。

参 考 文 献

[1] 应俊耀. 以"智慧物流"构建宁波城市配送网络体系 [J]. 财经界（学术版），2013（11）：269.

[2] 郑哲明. 以新能源车打造城市绿色物流 [J]. 中国物流与采购，2014（22）：44.

[3] 杨浩. 运输组织学 [M]. 北京：中国铁道出版社，2013.

[4] 蒋长兵. 运输与配送管理 [M]. 北京：中国物资出版社，2011.

[5] 平先秉，马三生. 仓储与配送管理实务 [M]. 长春：东北师范大学出版社，2011.

[6] 真虹，朱云仙. 物流装卸与搬运 [M]. 北京：中国物资出版社，2004.

[7] 李向文，杨健. 物流园区信息平台建设与信息化管理 [M]. 北京：清华大学出版社，2015.

[8] 章威. 区域物流公共信息平台建设设计与实现 [M]. 北京：人民交通出版社，2012.

[9] 霍佳震. 物流绩效管理 [M]. 北京：清华大学出版社，2009.

[10] 周洛华. 信息时代的创新及其发展效应 [M]. 上海：复旦大学出版社，2001.

[11] 贾顺平. 交通运输经济学 [M]. 北京：人民交通出版社，2011.

[12] 张理. 现代物流案例分析［M］. 北京：中国水利水电出版社，2008.

[13] 尤西·谢菲著. 物流集群［M］. 岑雪品，王微 译. 北京：机械工业出版社，2015.

[14] 郭士正，卢震. 供应链与物流管理（普通高等教育规划教材）［M］. 北京：机械工业出版社，2008.

[15] 赵胜男，耿铭君. 城市低碳交通发展策略研究——以深圳市为例［J］. 科技与创新，2014（20）：115-116.

第 4 章

电动物流车租赁信息平台规划

聚焦城市绿色智慧物流发展领域，以电动物流车融资租赁为着力点，以信息平台作为业务开展媒介，创新发展"互联网+电动物流车租赁"运营模式。电动物流车租赁信息平台以第三方租赁平台运营公司作为平台建设及运营管理主体，在政府管理部门的指导下，结合平台用户实际需求，进行平台规划设计。

4.1 平台建设需求分析

电动物流车租赁信息平台涉及城市物流企业、电动物流车生产企业、电动物流车租赁企业及相关政府管理部门和行业管理协会，平台建设需要从平台客户的需求分析出发，充分考虑平台电动物流车租赁应用和运营管控的业务管理需求，以及实现平台建设和应用所需的技术需求体系和非功能性需求。电动物流车租赁信息平台需求分析如图 4-1 所示。

如图 4-1 所示，电动物流车租赁信息平台的需求主要分为四个维度，分别是用户需求、功能需求、技术需求及非功能需求。各类需求所包含的具体内容如下：对于用户需求，主要关注的是城市物流企业、电动物流车生产企业、电动物流车租赁企业、投资金融机构、政府管理部门、行业协会等有关用户主体方面的需求。对于功能需求，主要是从平台的基础信息管理、业务综合管控、统计分析、决策支持等核心功能出发，分析各核心功能所需要的相应子功能。对于技术需求，主要关注的是完成各功能所需要的配送优化技术、信息采集与传输技术、信息存储与处理技术、大数据技术、系统架构技术等相应技术。对于非功能需求，主要考虑的是平台界面需求、软硬件环境要求、产品质量要求及主要经济技术指标需求。

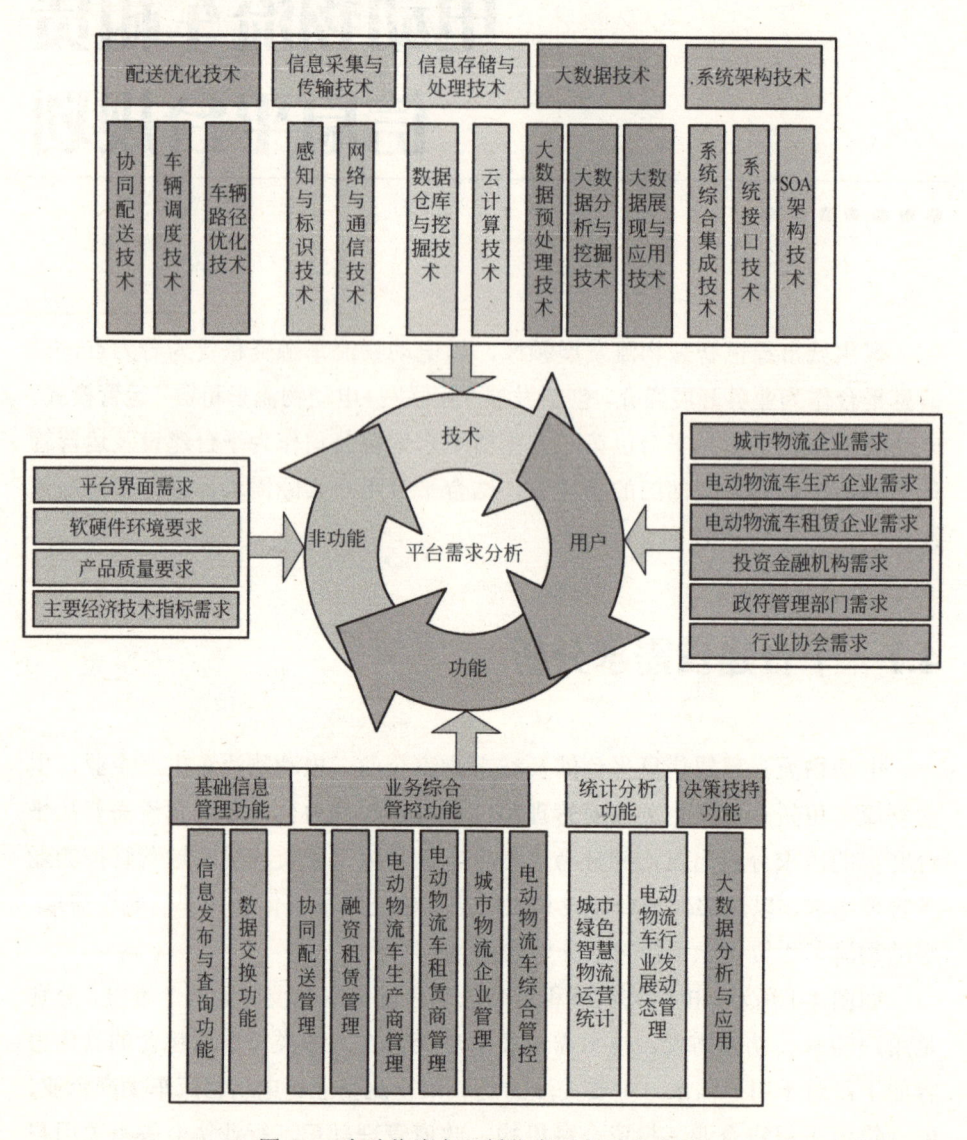

图4-1 电动物流车租赁信息平台需求分析

平台的各需求之间并不完全独立,而是相互渗透、相互联系。接下来将对平台建设的各类需求进行进一步分析。

4.1.1 用户需求分析

电动物流车租赁信息平台的建设主要服务于城市绿色智慧物流运营涉及的企业、相关政府管理部门和行业协会。通过针对不同用户的需求分析,为平台的功能需求分析和平台的战略发展模式打下基础,用户具体需求如下。

1. 城市绿色智慧物流相关企业需求

1)城市物流企业

城市物流是指为城市服务的物流,它服务于城市经济发展的需要。城市物流属于中观物流领域,城市物流流动的物质资料有生产资料、生活资料、废弃物等。一般来说,城市物流有三种形式:货物通过的形式、货物的集散、干线运输的物流,覆盖面较为广泛。

城市物流企业是指从事城市物流活动的企业。城市物流企业是信息平台的建设和发展的主要参与者。租赁平台服务的城市物流企业主要包括电商物流企业、餐饮连锁配送企业、商超配送物流企业等。

城市物流企业所从事的城市物流活动主要有以下特点。

(1)物流活动频繁、信息量较大:城市作为社会经济活动的中心,其经济运行的速度要高于区域经济的运行速度。城市物流信息具有规模大,波动幅度大,覆盖面广,信息的发源地、处理地点、传递路线和使用节点分散在广泛的区域,变动频繁等特点。

(2)运输距离短、主要为公路运输:相对于区域物流来说,城市物流的运送距离较短,采用公路运输作为主要的运输方式,部分涉及管道和内河运输,基本不涉及航空、铁路和远洋运输。运输方式以直线、零担、联合及中转运输为主。城市物流的小批量、多品种、高效率、近距离等特点决定了城市运输工具具有小型化的趋势。

(3)物流节点多、运送批量小、品种多、频率高:城市物流的面向群体中,城市居民所占比重较大,城市居民对商品的小批量、多品种、高频率等消费需求特点及分布密度的不同,使城市物流具有节点多、运输批量小和频率高的特点。尤其是近年来,随着电子商务行业蓬勃发展,城市物流的多品种、多频次、小批量的特点也越来越突出。

（4）受城市规划与各种管制的制约较多：城市物流受相关政策及规划的制约较多，如有些城市对城市仓储设施的建设有着规模的限制，不允许在城区内建设大型物流设施。有些城市对城市内部的运输工具也进行了一定的限制，如不允许大型车辆在指定时间段进城，不允许三轮车从事快递活动等。这些政策的制定，虽然也是政府的无奈之举，但仍然对城市物流的发展造成了一定的限制。

（5）物流设施布局相对均衡：一般来说，城市物流基础设施布局相对均衡，各地区物流基础设施的数量、标准化程度差异较小，能共同支撑起城市物流的日常运作。

基于发展城市绿色智慧物流的背景及城市物流的特点，分析出城市物流企业对于平台的需求主要有以下几点。

（1）对配送的协调与管理服务方面的需求：平台需要对城市物流企业货物的配送计划进行管理，需要根据大数据技术、云计算技术等进行配送路径的优化并完成相关协同配送的管理。

（2）对电动物流车租赁业务的相关服务需求：平台要能为城市物流企业提供融资租赁服务、电动物流车管理服务、充电服务及维修保养服务等，保障租赁业务的安全和稳定运营。

（3）对数据分析方面的需求：平台需要采集物流过程中的各项数据信息，并提供给相应的城市物流企业，为企业制定发展战略、完善相关服务提供数据支撑。

2）电动物流车租赁企业

融资租赁企业是服务于金融、贸易、产业的资产管理机构。传统租赁以承租人租赁使用物件的时间计算租金，而融资租赁以承租人占用融资成本的时间计算租金。融资租赁是市场经济发展到一定阶段而产生的一种适应性较强的融资方式，是 20 世纪 50 年代产生于美国的一种新型交易方式，由于它适应了现代经济发展的要求，所以在 20 世纪 60—70 年代迅速在全世界发展起来，当今已成为企业更新设备的主要融资手段之一，被誉为"朝阳产业"。

融资租赁企业是平台租赁业务的主要开展者，该类企业借助平台实现对电动物流车融资租赁服务的管理，以及对新能源设备的维修管理和充电管理等辅助业务的管理。

融资租赁企业对平台的需求主要体现在对电动物流车生产企业信息、车辆信息、城市物流企业信息等方面的需求。

平台一方面通过为该类企业提供电动物流车生产企业信息、车辆信息、城市物流企业信息，用以帮助其开展租赁业务的设计和管理；另一方面通过提供租赁的电动物流车信息及充电桩信息，用以实现对新能源设备的统一管理和充电服务管理。

3）电动物流车生产企业

电动物流车生产企业是指生产以车载电源为动力的运送与储存物料单元的移动集装设备（电动物流车）的企业。电动物流车生产企业是租赁信息平台的重要合作对象，该类企业对于平台的需求为通过平台的宣传系统和业务管理系统，与融资租赁企业和城市物流企业开展电动物流车租赁服务，从而更准确地了解市场对于电动物流车的需求量，调整相关生产计划。

平台通过整合电动物流车生产企业的生产信息，将电动物流车生产类型、配置、特点及应用现状等进行分类展示，为城市物流企业选择车辆及租赁企业设计租赁业务提供支持。

4）投资金融机构

投资金融机构是指从事金融服务业有关的金融中介机构，为金融体系的一部分。投资金融机构是平台融资租赁业务开展的支持者，平台为该类用户主要提供电动物流车租赁项目需求信息、企业风险评价信息、项目实施效益统计信息等，为该类机构与电动物流车租赁企业的合作撮合提供信息支撑，使投资金融机构能更准确地了解到相关信息，决定自己的投资项目，活化整个电动物流车租赁市场。

2. 政府管理部门需求

电动物流车租赁信息平台的政府管理部门需求可分为国家层面、省级层面及地方政府层面的需求。

1）国家管理部门

国家管理部门主要指相关环保部、交通运输部、发改委等国家部门。平台通过运营信息的统计，为国家层面的政府管理部门进行节能减排项目建设、城市配送基础设施网络建设、探索城市配送管理方式、研究制定城市物流配送车辆技术标准及制定相应的政策法规提供数据支持。

2）省级管理部门

省级管理部门主要指相关省份发改委、交通运输业厅等部门。信息平台结合国家管理部门的政策，将城市绿色智慧物流的建设动态地进行展示，为省级管理部门开展城市绿色智慧物流试点工程建设及相关政策推行研究提供数据支持。

3）地方政府管理部门

地方政府管理部门包括商委、交管局、运管局、邮政局、环保局等部门，是城市绿色智慧物流信息平台建设和电动物流车应用的直接管理部门。平台为地方管理部门管理城市货物运输车辆、规范城市配送企业运营服务、进行城市绿色智慧物流运营的综合管控提供数据支撑。

3. 行业协会管理需求

平台服务对象涉及交通运输协会快运分会、中国物流与采购联合会、各省市物流协会等行业管理协会，该类协会是平台建设和发展的重要参与者。平台通过为协会提供城市物流企业基础信息、电动物流车生产企业信息、电动物流车租赁企业信息等，以及涉及城市绿色智慧物流建设相关的政策信息，帮助其在企业和政府间发挥桥梁与纽带作用，协助政府有关部门制定城市绿色智慧物流建设的行业标准和规范，促进城市绿色智慧物流的健康发展。

以交通运输协会快运分会（以下简称快运分会）为例，快运分会从平台获取当前环境下电动物流车生产企业及租赁企业的运营情况及城市物流企业对电动物流车的市场需求度及接受度，并根据所获取的信息制定相关政策，如当电动物流车生产企业刚起步，入不敷出时，可以适当减免税负，提供相应贷款；当发现城市物流企业对电动物流车的接受度不高时，可以制定相应激励政策，拓展电动物流车的市场，促进城市绿色智慧物流的发展。

4.1.2 功能需求

基于城市绿色智慧物流发展的背景，依据一般物流综合管理信息平台和融资租赁信息平台的功能特性，结合电动物流车租赁信息平台的用户需求分析，可将信息平台的功能需求概括为基础管理功能、业务综合管控功能、统计分析功能及决策支持功能四部分。

1. 基础管理功能

1) 信息发布与查询

电动物流车租赁信息平台为用户提供电动物流车应用相关信息，不同层次的用户可通过平台发布职责范围内的相关信息，并通过互联网网页浏览、手机 APP 查看等多种方式从平台上查询自己需要的信息。

平台发布的信息主要包括两大类：一类是城市物流企业信息，电动物流车生产、销售、租赁企业信息；另一类是支持和引导城市绿色智慧物流建设相关信息，包括电动物流车发展及应用现状信息、政策信息。这两类信息在平台上的清晰展现，能大大节省平台使用主体的工作时间，提升工作效率，吸引更多企业加入平台，更好地推广电动物流车，使其在短时间内被各企业所接受。

2) 数据交换

平台的数据交换一方面体现在城市物流企业可以通过电动物流车租赁信息平台交换物流服务需求和物流服务能力信息，以实现协同配送；另一方面体现在电动物流车生产、销售及租赁企业之间的信息交换，以保证平台租赁业务的顺利开展和运营。

通过租赁平台，能够对电动物流车的相关信息进行及时沟通，时刻掌握市场最新动态，有利于整个电动物流车行业的发展。

2. 业务综合管控功能

1) 协同配送管理

平台通过整合城市物流企业的配送需求信息，同时针对城市物流企业的电动物流车辆进行统一管理，利用全球卫星定位技术、节约里程等配送路径优化技术，实现运力资源的整合，提升配送效率。

2) 融资租赁管理

电动物流车融资租赁业务是平台的核心业务，因此融资租赁管理功能不仅要实现电动物流车的租赁信息管理，还需要通过设置风险管控、结算管理等辅助功能保障租赁业务全流程的安全运营。

3) 客户管理

电动物流车租赁信息平台需要实现在城市货运配送领域进行新能源配置及配送资源的高效管理，因此需要针对电动物流车产业链上的电动物流车生产企业、电动物流车销售企业、电动物流车租赁企业及城市物流企业进行统一管理，通过对链条上的不同企业进行综合评价，为不同用户与上下游客户进行合作提供信息服务，促进整条产业链上各企业的协同发展。

4）电动物流车综合管控

平台针对电动物流车的综合管控包括车辆基本状态的管理、车辆配送任务的统一管理、车辆充电与维修服务的综合管理，这三方面管理相辅相成，平台通过以上三方面的管理达到对电动物流车进行综合管控的目的。

3. 统计分析功能

1）城市绿色智慧物流运营统计展示

平台一方面对电动物流车推行城市信息、电动物流车租赁企业信息、城市物流企业信息等运营主体信息以及运营综合效益信息按照区域等进行统计展示；另一方面对入网的电动物流车辆信息、充电桩信息、维修服务站信息等基础设施信息进行统计。平台通过对两个层面的数据统计及分析，结合相关大数据技术，能达到对电动物流车运营现状的实时监测，并根据监测结果对电动物流车的运营租赁情况进行及时的调整。

2）电动物流车行业发展动态实时展现

电动物流车租赁平台一是通过对行业数据进行统计分析，包括对电动物流车生产及销售数据、电动物流车应用标准、电动物流车应用政策进行分类整理和展示，构建电动物流车发展指引体系；二是对目前电动物流车推行实施的试点城市建设现状、电动物流车产品研发及应用情况进行实时报道，吸引和指导传统物流企业等进行转型，达到体现电动物流车在城市物流应用的发展动态的目的，为电动物流车行业的下一步发展提出更为科学的战略规划。

4. 决策支持功能

大数据是指无法用现有的软件工具提取、存储、搜索、共享、分析和处理的海量的、复杂的数据集合。它不仅包含了海量数据和大规模数据，而且还包括了更为复杂的数据类型。在数据处理方面，数据处理的响应速度由传统的周、天、小时降为分、秒的时间处理周期，需要借助云计算、物联网等技术降低处理成本，提高处理大数据的效率。

大数据技术是基于云计算的数据处理与应用模式，是可以通过数据的整合共享、交叉复用形成的智力资源和知识服务能力，是可以应用合理的数学算法或工具从中找出有价值的信息，为人们带来利益的一门新技术。大数据核心问题的解决需要大数据技术。大数据领域已经涌现出大量新的技术，它们成为大数据采集、存储、处理和呈现的有力武器。今后大数据技术将在多个领域得到发展应用，而大数据技术在我国物流领域的应用，有利于整合物流企业，实现物流大数据的高效管理，从而降低物流成本，提升物流整体服务水平，满足客户个性化需求。大数据应用服务以互联网和企业内网为网络支持，通过应用云计算、数据挖掘、商务智能等技术，将电动物流车生产企业、租赁企业和城市物流企业各类信息提取汇集到系统数据库进行综合管理，为政府管理部门和城市绿色智慧物流运营服务商提供决策支持服务，具体包括预测分析服务、作业优化服务和智能商务服务、商品管控服务、客户管理服务。

1) 预测分析服务

通过对平台相关统计数据进行加工，预测分析城市绿色智慧物流市场需求信息、电动物流车需求信息、电动物流车技术需求信息。

2) 作业优化服务

作业优化服务指的是平台通过运用大数据技术有效聚集与整合平台内外的车、货、仓库等资源，加快信息传递，提高车货交易频率、车辆配载率等，同时对城市物流企业和客户需求进行预测，及早进行作业安排，实现对协同配送作业的合理安排与优化。

3) 智能商务服务

智能商务服务指通过应用现代数据分析方法与技术，将数据准确性较高的业务数据转化为具有商业价值的信息，为电动物流车生产、租赁业务及城市配送业务提供咨询与设计服务。

4) 商品管控服务

商品管控服务指的是运用电动物流车在运输、仓储、配送等物流环节产生的相关数据，实现货物的流量流向预测、流量调控、流向分布分析，以及线路优化选择及运输方式选择等方面的管控。

5) 客户管理服务

客户管理服务指的是通过分析日常和客户沟通中所产生的数据，深入了解客户需求，提高客户服务质量，管理和服务好电动物流车生产企业、电动物流车租赁企业、城市物流企业等平台相关主体。

4.1.3 技术需求

电动物流车租赁信息平台建设的技术需求主要分为大数据技术、信息采集与传输技术、配送业务优化技术、信息存储及处理技术和平台架构技术五个层面。

1. 大数据技术

平台依靠大数据技术完成对城市物流海量数据的采集和预处理，利用数据存储与大数据分析和挖掘技术，对城市绿色物流业务运营状况进行展现，并实现对城市绿色智慧物流发展的预测，为管理层进行决策提供依据。

如图 4-2 所示是电动物流车租赁信息平台大数据技术数据处理框架。大数据的成功应用，要经过数据捕捉、数据存储管理、数据计算处理、数据分析、数据展现五个主要环节。

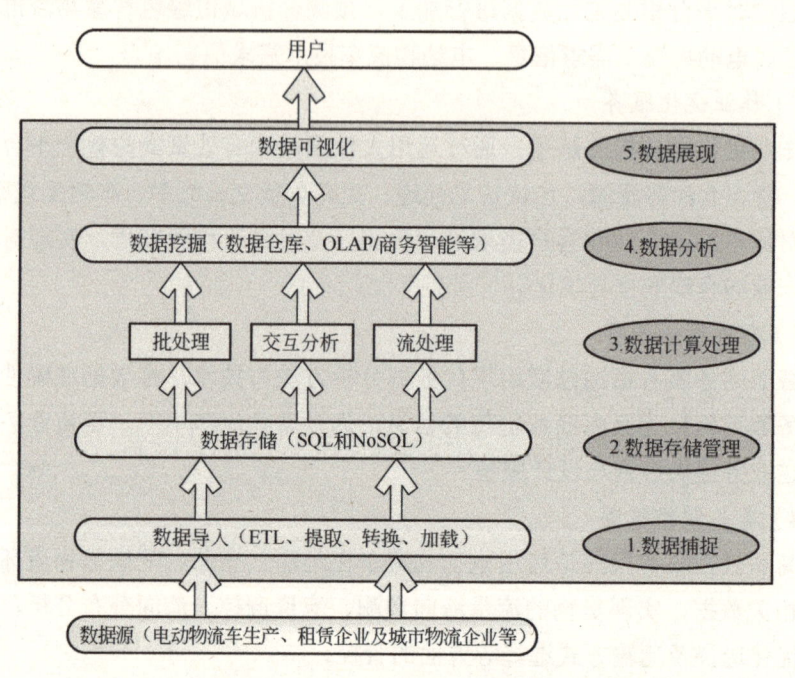

图 4-2 电动物流车租赁信息平台大数据技术数据处理框架

根据大数据技术处理的五个主要环节，大数据处理关键技术包括大数据捕捉技术、大数据存储管理技术、大数据处理技术、大数据预测分析技术、大数据可视化技术五种技术，其中大数据捕捉技术是其他技术应用的基础，如图 4-3 所示。

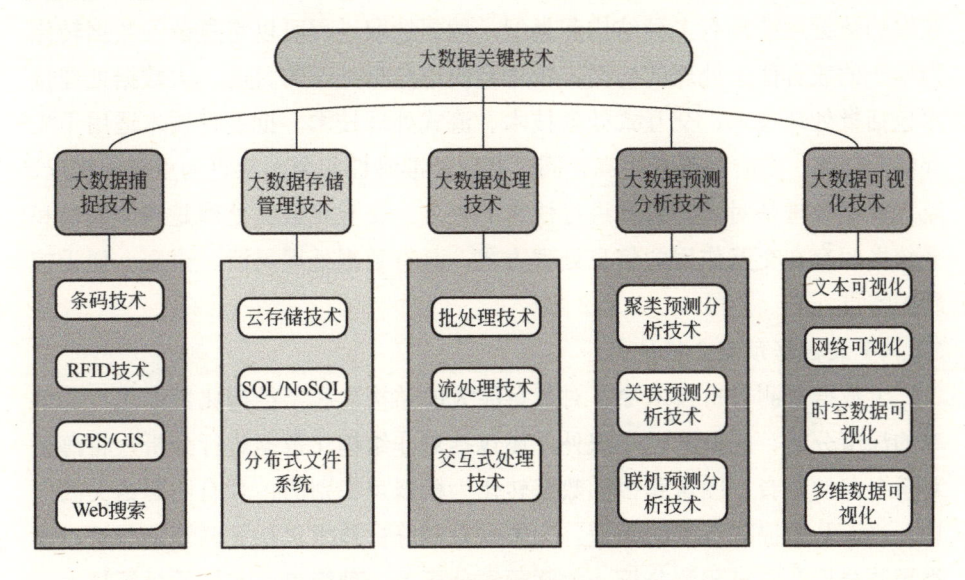

图 4-3　大数据关键技术组成

1）大数据捕捉技术

大数据捕捉是指通过社交网站、搜索引擎、智能终端等方式获得的包括普通文本、照片、视频、位置信息、链接信息等类型多样的海量数据。数据捕捉环节是大数据预测分析的根本，是大数据价值挖掘最重要的一环，其后的集成、分析、管理都以数据捕捉作为基础。大数据捕捉技术包括条码技术、RFID 技术、GPS/GIS 技术、Web 搜索、社交媒体等技术。

2）大数据存储管理技术

大数据存储与管理是用存储器把采集到的数据存储起来，建立相应的数据库，并进行管理和调用。大数据存储系统不仅需要以极低的成本存储海量数据，还要适应多样化的非结构化数据管理需求，具备数据格式上的可扩展性。大数据存储管理技术包括云存储技术、SQL/NoSQL 技术、分布式文件系统等。云存储技术是通过集群应用、网络技术或分布式文件系统等，将网络中大量各种不同存储设备集合起来协同工作，共同对外提供数据存储和业务访问功能的一个系统。NoSQL 技术是通过不断增加服务器节点，从而扩大数据存储容量的技术。分布式文件系统可以使用户更加容易访问和管理物理上跨网络分布的文件，可实现文件存储空间的扩展及支持跨网络的文件存储。

3）大数据处理技术

大数据处理技术主要完成对已接收数据的辨析、抽取、清洗等操作。因获取的数据可能具有多种结构和类型，数据抽取过程可以将复杂的数据转化为单一的或者便于处理的构型，以达到快速分析处理的目的。大数据处理技术包括批处理技术、交互式处理技术、流式处理技术。批处理技术适用于先存储后计算，实时性要求不高，同时数据的准确性和全面性更为重要的情况。流式数据处理是对实时数据进行快速的处理。交互式数据处理是操作人员和系统之间存在交互作用的信息处理方式，具有数据处理灵活、直观、便于控制的特点。

4）大数据预测分析技术

大数据预测分析技术除了对数量庞大的结构化和半结构化数据进行高效率的深度分析、挖掘隐性知识外，还包括对非结构化数据进行分析，将海量复杂多源的语音、图像和视频数据转化为机器可识别的、具有明确语义的信息，进而从中提取有用的知识。大数据预测分析技术包括关联预测分析、聚类预测分析及联机预测分析。关联预测分析是一种简单、实用的分析技术，用来发现存在于大量数据集中的关联性或相关性，从而描述事物中某些属性同时出现的规律和模式。聚类预测分析是一组将研究对象分为相对同质的群组的统计分析技术，是一种探索分析技术。联机预测分析是处理共享多维信息的、针对特定问题的联机数据访问和联机分析处理的快速软件技术。

5）大数据可视化技术

数据可视化是把数据转换为图形的过程。通过可视化技术，大数据可以以图形、图像、曲线甚至动画的方式直观展现，使研究者观察和分析传统方法难以总结的规律。可视化技术主要可以分为文本可视化技术、网络（图）可视化技术、时空数据可视化技术、多维数据可视化技术等。文本可视化是将文本中蕴含的语义特征直观地展示出来，典型文本可视化技术是标签云，将关键词根据词频或其他规则进行排序，按照一定规律进行布局排列，用大小、颜色、字体等图形属性对关键词进行可视化。网络（图）可视化的主要内容是将网络节点和连接的拓扑关系直观地展示，H状树、圆锥树、气球图等都属于网络可视化技术。时空数据是指带有地理位置与时间标签的数据，时空数据可视化重点对时间与空间维度以及与之相关的信息对象属性建立可视化表征，对与时间和空间密切相关的模式及规律进行展示，流式地图是时空数据可视化的一种典型的技术。多维数据指的是具有多个维度属性的数据变量，常用的多维可视化技术有散点图、投影、平行坐标等。

2．信息采集与传输技术

信息采集与传输技术主要包括感知与标识技术、网络与通信技术。

1）感知与标识技术

该技术用于实现对于电动物流车、配送货物的定位、追踪和监控。常用的感知与标识技术有 RFID 技术、M2M 技术、二维码技术等。

2）网络与通信技术

网络与通信技术是指通过计算机和网络通信设备对图形和文字等形式的资料进行采集、存储、处理和传输等，使信息资源达到充分共享的技术。该技术用以实现城市物流活动区域内网络的互联互通、信息的高速传递及共享，为物流车辆配货与调度管理的智能化提供技术支持。

3．配送业务优化技术

配送优化技术是实现城市物流企业车辆协同配送的重要技术，该项技术主要包括车辆调度技术、车辆路径优化技术、配送任务协作处理技术。

4．信息存储及处理技术

信息存储及处理技术是电动物流车租赁信息平台实现业务统计分析和智能决策的核心技术，主要包括数据仓库与挖掘技术、云计算等。

1）数据仓库与挖掘技术

数据仓库是一个面向主题的、集成的、相对稳定的、随时间不断变化（不同时间）的数据集合，用于解决从数据库中获取信息的问题。数据挖掘是指从电动物流车租赁信息平台数据库的大量数据中，利用人工智能、机器学习、模式识别、统计学、可视化技术等，高度自动化地分析数据，将电动物流车运营现况通过相应的指标进行展示，为决策提供依据。

2）云计算

云计算是一种通过 Internet 以服务的方式提供动态可伸缩的虚拟化资源的计算模式，云计算技术主要为实现平台进行城市绿色智慧物流大数据分析和电动物流车综合管控提供计算能力支持。

5. 平台架构技术

平台架构技术包括系统综合集成技术、系统接口技术、SOA 架构技术等。

1）系统综合集成技术

该技术用于实现把平台的各个信息系统有机地组合成一个一体化的新型系统，并使之能彼此协调工作，发挥整体效益，达到整体性能最优。

2）系统接口技术

信息平台构建过程中，城市物流企业、电动物流车生产、租赁企业等不同用户的信息和业务组织不尽相同，因此平台对接的系统数据库是异构的。系统接口技术用以实现异构数据共享。

3）SOA 架构技术

SOA 架构技术即面向服务的体系结构，是指为了解决在 Internet 环境下业务集成的需要，通过连接能完成特定任务的独立功能实体实现的一种软件系统架构。SOA 是一个组件模型，它将应用程序的不同功能单元（称为服务）通过这些服务之间定义良好的接口和契约联系起来。接口是采用中立的方式进行定义的，它应该独立于实现服务的硬件平台、操作系统和编程语言。

SOA 不同于现有的分布式技术之处在于可以实现 SOA 的平台或应用程序。SOA 能够在最新的和现有的应用基础之上创建应用，SOA 能够避免服务实现的改变所带来的影响——SOA 能够升级单个服务而无须重写整个应用，也无须保留已经不再适用于新需求的现有系统。

智慧物流信息平台上接入的是不同种类的操作系统，而且智慧物流信息平台需要接入更多新的应用系统和软件。因此，智慧物流信息平台需要具备对业务的变化做出快速的反应，利用对现有的应用程序和应用基础结构解决新的业务需求，呈现一个可以支持有机业务构架的能力，而 SOA 构架技术可为智慧物流信息平台提供这一能力。

4）Web Service 技术

Web Service 就是可以通过 Web 描述、发布、定位和调用的模块化应用，它是一种构建应用程序的普通模型，并能在所有支持 Internet 通信的操作系统上实施运行。Web Service 可以执行任何功能，从简单的请求到复杂的业务过程。一旦 Web Service 被部署，其他的应用程序或是 Web Service 就能够发现并且调用这个部署的服务。NET 和 J2EE 都可以很好地实现 Web Service。

从本质上说，SOA 是一种架构模式，而 Web Service 是利用一组标准实现的服务。Web Service 是实现 SOA 的方式之一。因此，用 Web Service 来实现 SOA 可以通过一个中立平台来获得服务，而且随着越来越多的软件商支持越来越多的 Web Service 规范，将会使 Web Service 技术取得更好的通用性。

4.1.4 非功能需求分析

围绕电动物流车租赁信息平台的用户需求、功能需求及技术需求分析，在平台规划设计过程中辅以非功能需求分析，具体包括以下几个方面。

1．平台界面需求

平台界面是人与计算机之间的媒介。用户通过平台界面来与计算机进行信息交换。因此，平台界面的质量，直接关系到应用系统的性能能否充分发挥，能否使用户准确、高效、轻松、愉快地工作。所以软件的友好性、易用性对于软件系统至关重要。平台界面需求包括操作的人性化需求，界面美观大方的需求，以及在保证系统安全的前提下能够实现全部所需功能的需求。

2．软硬件环境需求

建设平台需提供配套的软硬件环境，包括选择适用的服务器和适用系统的客户机等，以满足平台要求。

3．产品质量要求

对产品质量的要求主要体现在要求平台录入及计算的数据没有偏差，有可靠的故障处理。在进行删除、添加、更新某条记录时，系统反应时间满足要求，可方便地部署在 Windows、Linux、UNIX 等操作系统上。

4．主要技术经济指标需求

主要技术经济指标需求包括对平台同时段访问人数上限、日常业务处理时间、综合查询时间、平台可靠性、平台可扩展性、跨平台性等方面的要求。

4.2 平台业务体系及流程分析

4.2.1 业务体系分析

基于城市绿色智慧物流发展需求，电动物流车租赁信息平台的建设为融资租赁企业、物流企业等提供电动物流车租赁综合服务、配送管理服务等。本书通过对电动物流车租赁业务、配送管理业务等业务进行详细分析和梳理，构建包括核心业务层、辅助业务层和增值业务层的电动物流车租赁信息平台业务体系，具体如图4-4所示。

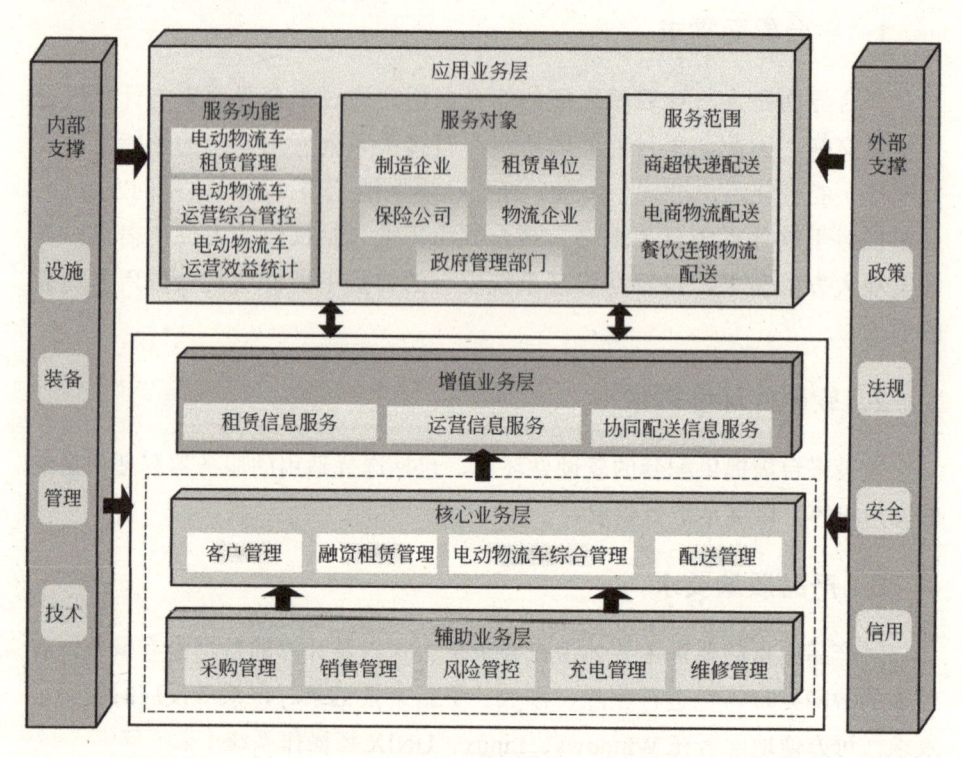

图4-4 电动物流车租赁信息平台业务体系

如图4-4所示，电动物流车租赁信息平台以内部环境（设施、装备、管理、技术）及外部环境（法规、政策、信用、安全）为支撑，针对不同的服务对象开展一系列核心服务、辅助业务和增值服务。

1．核心业务层

平台的核心业务包括电动物流车租赁的相关客户管理、融资租赁管理、电动物流车综合管理和配送管理。

客户管理用以实现对电动物流车生产企业、销售企业、租赁企业及城市物流企业的综合管理。平台需要对所涉及的企业进行管理，了解企业需求。

融资租赁业务主要服务于租赁企业开展电动物流车租赁方案设计及应用，为相关企业提供融资租赁服务，加速资金流的流动，促进产业发展。

电动物流车综合管理业务用以实现对电动物流车的作业记录、状态监控及充电维修等方面的管理，即对电动物流车的信息记录及日常管理。

配送管理业务主要服务于城市物流企业，通过配送任务和配送车辆的管理制定协同配送计划。利用相关配送优化技术对配送路线进行优化，发布更为合理的配送计划。

2．辅助业务层

辅助业务中的电动物流车维修管理和充电管理用以保障配送业务的稳定运营，采购管理和销售管理为客户管理业务提供信息支持，风险管控保证融资租赁业务的安全运营。

3．增值业务层

增值业务包括电动物流车租赁信息服务、运营信息服务和协同配送信息服务。

租赁信息服务是指平台对融资租赁企业及融资项目信息进行整理和分析，根据城市物流企业的需求为其推荐个性化的定制方案；运营信息服务业务是指平台对电动物流车的运营信息，具体包括车辆性能信息、运营主体的效益信息等进行整理，将该类信息提供给电动物流车租赁企业、城市物流企业及行业协会等管理部门；协同配送信息服务业务主要面向城市物流企业和城市餐饮、超市等客户，为其提供物流定制化的服务。

4.2.2 业务流程分析

基于电动物流车租赁信息平台业务体系的分析，进行平台核心业务流程的设计，核心业务流程包括电动物流车融资租赁业务流程和电动物流车综合管控业务流程。

1. 融资租赁业务流程

通过分析电动物流车融资租赁的整体业务过程中的核心业务，依据各业务主体及协作关系，对租赁流程进行进一步分析和设计，为信息系统的设计奠定基础。电动物流车融资租赁业务总体流程如图 4-5 所示。

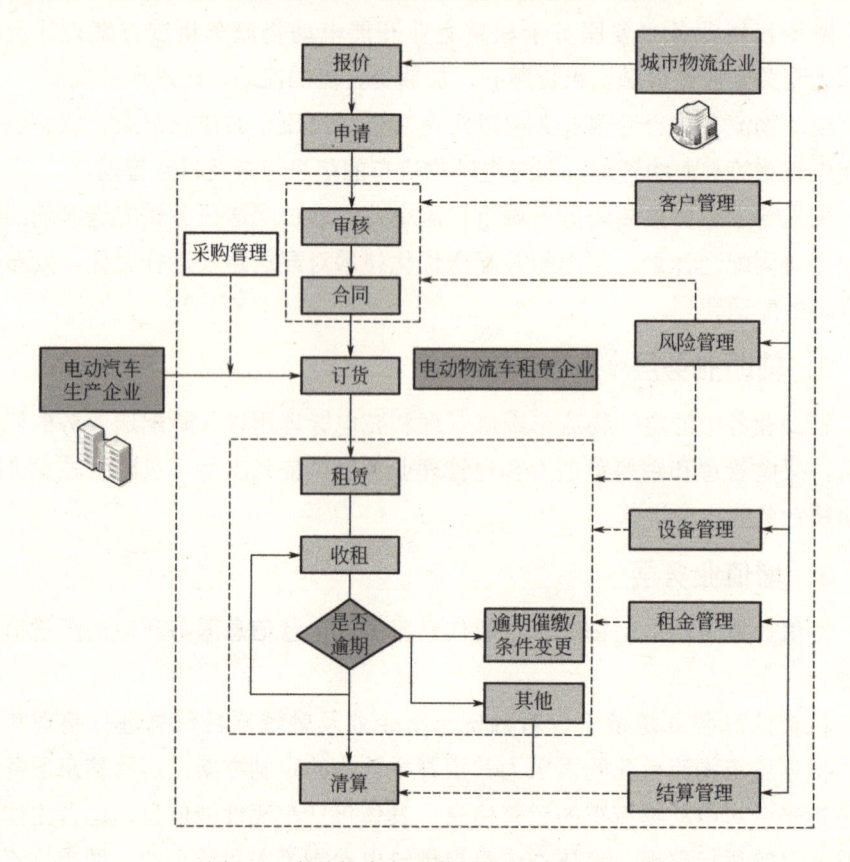

图 4-5 电动物流车融资租赁业务总体流程

如图 4-5 所示，电动物流车融资租赁流程以租赁企业为核心，通过向电动物流车生产企业采购车辆，给城市物流企业车辆租赁服务，整个租赁流程基本分为租赁申请、租赁过程管理和结算管理三个阶段。

1）租赁申请

城市物流企业向租赁企业提出租赁申请，租赁企业依靠客户管理业务针对物流企业进行审核、确定租赁方案并签订合同。

2）租赁过程管理

电动物流车租赁企业通过租金管理收取租金，租金的缴纳情况及租赁用户的运营情况都将作为风险评估信息，保证租赁业务的安全运营。设备管理是租赁企业准对租赁车辆在租赁期间提供的综合服务，包括充电服务、设备维修与保养等。

3）结算管理

针对城市物流企业出现的提前支付完租赁费用、按期支付完租赁费用和逾期未支付完租赁费用三种情况，租赁企业通过相应的措施针对租赁项目进行结算。

2. 电动物流车运营管控业务流程

电动物流车运营管控业务流程的设计包括车辆管理和协同配送管理两部分。协同配送管理用以现实城市物流市场和资源配置的优化。车辆管理流程结合协同配送流程进行设计，保障配送业务的稳定运行。电动物流车运营管控业务流程如图4-6所示。

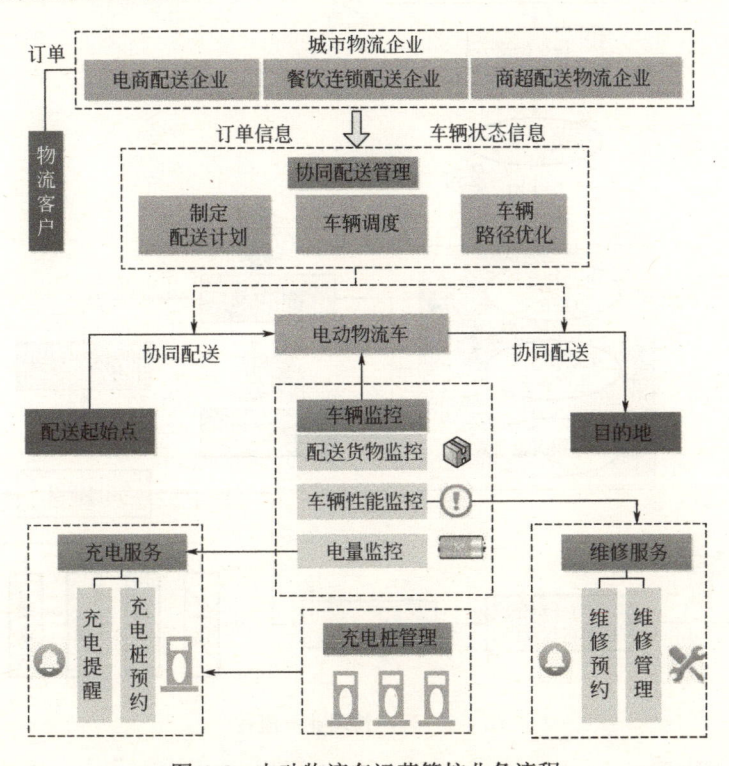

图4-6　电动物流车运营管控业务流程

如图 4-6 所示，电动物流车运营综合管控主要分为协同配送作业管理和车辆在途管理两方面。

1）协同配送作业管理

客户向城市物流企业下达订单，平台根据各家物流企业的车辆等资源状态及订单信息，进行车辆调度、确定配送计划以及优化配送路径。

2）车辆在途管理

车辆配送过程中，由车辆监控功能完成车辆电量、配送货物的监控。车辆电量不足时，可通过充电服务查看附近可用的充电桩并进行预约；车辆需要维修时可通过维修预约功能向维修服务站点预约维修服务。

3. 客户管理业务流程

电动物流车的客户管理业务主要包括潜在客户发掘、维护客户关系、销售管理等几大方面，具体业务流程如图 4-7 所示。

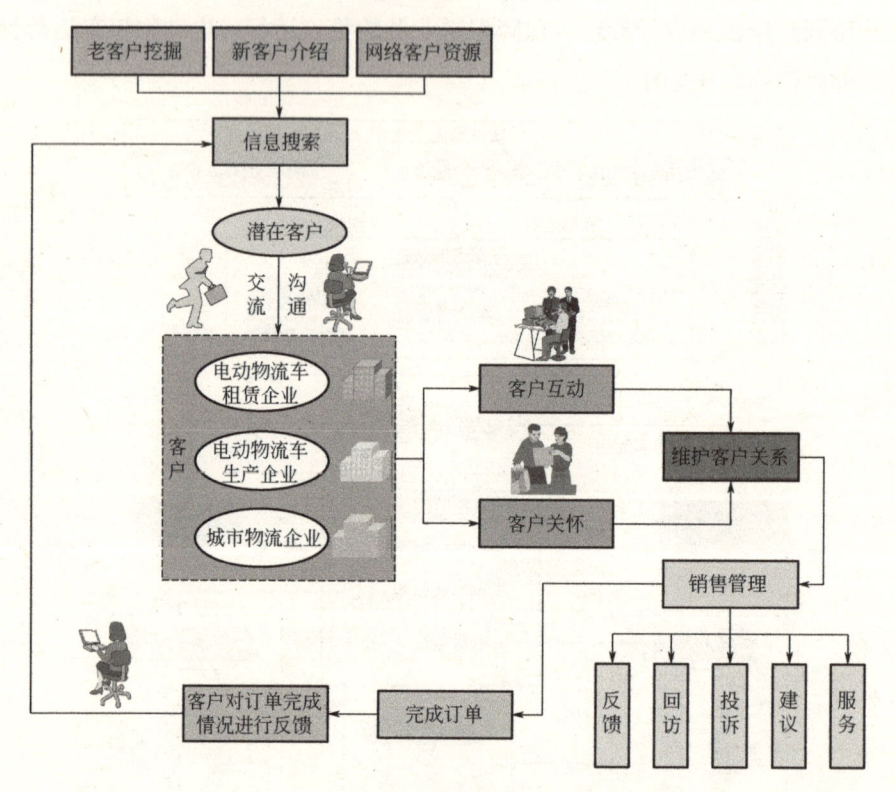

图 4-7　客户管理业务流程

1）潜在客户发掘

平台利用老客户挖掘、新客户介绍、网络客户资源等手段获取相关客户资源的信息，并通过对此类信息进行搜索筛选发掘潜在客户，经过交流沟通将潜在客户变为客户（主要是各电动物流车租赁企业、各电动物流车生产企业及各城市物流企业）。

2）维护客户关系

平台通过与客户进行互动，对客户进行关怀等手段，第一时间了解客户需求，针对客户需求进行产品的调整，协调处理好各客户对平台的反馈意见，形成对客户关系的维护。

3）销售管理

销售管理（Sales Management）是为了实现各种组织目标，创造、建立和保持与目标市场之间的有益交换和联系而设计的方案的分析、计划、执行和控制。通过计划、执行及控制企业的销售活动，以达到企业的销售目标。

平台需要积极对各客户进行回访，了解各客户的投诉、反馈、建议、服务等，制定更合理的销售计划，实现销售管理。

4.3 平台建设功能及战略分析

通过总结电动物流车租赁信息平台的建设需求分析，结合平台业务体系及流程分析，本章主要对电动物流车租赁信息平台进行功能建设分析及发展战略规划设计。

4.3.1 总体目标与指导思想

1. 总体目标

基于发展城市绿色智慧物流的背景，在电动物流车租赁信息平台需求分析及业务体系设计的基础上，围绕城市绿色智慧物流运营管控和电动物流车租赁管理平台建设的主要内容，将信息平台的设计总体目标概括为以下几个方面。

1）电动物流车生产至应用的全过程管理

电动物流车租赁信息平台通过采集电动物流车生产、销售、租赁、配送及充电维修等服务信息，加强电动物流车租赁应用链条上下游企业间的信息交流及节点企业的业务管理，完成电动物流车自生产至应用的全过程管理。

2）搭建电动物流车租赁信息管理平台

通过系统综合集成技术可以把平台子系统综合集成为一个一体化的、功能更加强大的新型平台，同时借助于云计算技术吸引电动物流车租赁业务链条上的相关企业将其信息系统建立在云计算平台之上，更好地满足电动物流车租赁相关企业对电动物流车租赁管理的智能化需求。

3）整合城市物流企业运力资源，实现协同配送

电动物流车租赁信息平台的建立通过实现城市物流企业之间的信息共享，有效整合客户需求信息、运力资源信息，依靠配送优化技术，实现协同配送的作业方式，达到资源高效配置的目的。

4）为城市绿色智慧物流信息化建设搭建良好的运营环境

建立良好的通信基础设施，提供平台面向对象的数据交换基础设施，实现协同配送全过程信息化管理，提高基础设施的利用率。

2. 指导思想

基于电动物流车租赁信息平台的总体设计目标，围绕平台的核心业务和功能需求，电动物流车租赁信息平台的设计指导思想为：聚焦城市绿色智慧物流发展领域，借助"互联网+"思维，围绕四个方向——"电动物流车生产销售至租赁应用综合管理一体化、城市协同配送管理标准化、城市绿色智慧物流发展政策健全化、城市绿色智慧物流业务咨询智能化"——构建城市绿色智慧物流综合管理平台，实现资源和市场的优化配置。

4.3.2 功能分析

以平台建设指导思想为主要依据，以满足第三方租赁平台运营公司的管理需求及平台客户的业务需求为目标，分析平台建设核心功能如下。

1）基础管理功能

信息平台要能实现信息的收集与发布，要能提供对相关信息的查询服务，

要能实现各企业、各用户间的数据交换。

2）融资租赁管理功能

信息平台面向实现租赁业务全过程，实现租赁申请、定价、合同、租金、结算、风险管控的管理功能，为融资租赁企业提供智能化管理功能。

3）电动物流车销售、购置及租赁撮合功能

平台通过整合电动物流车生产企业信息、电动物流车车辆价格及配置信息、电动物流车租赁信息、城市物流企业信息等，实现电动物流车销售、购置及租赁撮合的目的。

4）协同配送管理功能

配送作为城市物流的核心业务，针对城市配送的发展现状问题，规划平台的协同配送管理功能，整合城市物流配送需求信息、城市物流企业资源信息，依靠协同优化技术，通过信息高度共享，实现协同配送的有效管理，达到城市物流资源的高效配置的目的。

5）客户管理功能

客户管理主要帮助第三方租赁平台运营公司实现对电动物流车生产商、租赁商、城市物流企业以及相关政府管理部门和行业协会等平台用户的统一管理。

6）电动物流车维修管理功能

平台通过维修预约及维修项目信息管理，提供电动物流车维修服务，为电动物流车租赁及配送应用提供保障。

7）电动物流车综合管控功能

平台通过业务系统完成对电动物流车的车辆路径记录、车辆电量监控、充电预约和维修管理，达到电动物流车综合管控的目的。

8）统计分析功能

针对第三方租赁平台运营公司、平台企业用户、政府管理部门及行业协会的需求，需要对平台数据进行统计分析，实现城市绿色智慧物流运营统计、电动物流车运营经济和环保效益统计、电动物流车性能分析。

9）大数据应用功能

平台的建设需应用大数据技术，开展城市绿色智慧物流发展预测分析、城市绿色智慧物流业务流程诊断与优化及商务智能管理等大数据应用服务，提升平台价值。

4.3.3 平台建设战略

1）协同式发展战略

随着电动物流车租赁信息平台的不断发展，其服务功能、服务范围不断提升，不仅涉及城市物流企业配送业务的管理，而且涉及电动物流车从生产、租赁到运营的全过程的管理。因此，平台的建设必须采用协同发展战略，共同将平台打造成为具备协同配送智能管理功能和电动物流车综合管控功能的综合性信息服务平台。电动物流车租赁信息平台协同式发展战略如图 4-8 所示。

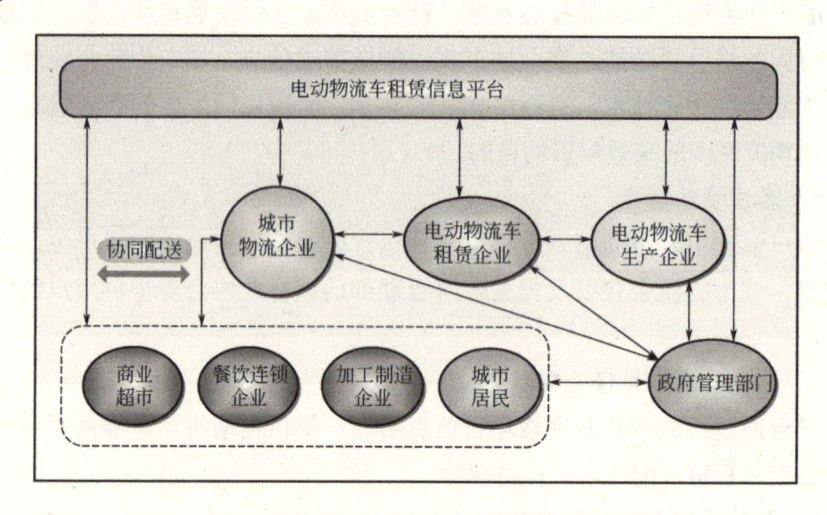

图 4-8　电动物流车租赁信息平台协同式发展战略

如图 4-8 所示，协同式发展战略一方面是城市物流企业之间的协同，通过实现商业超市、餐饮连锁企业及城市居民等客户需求信息的共享，共同把平台打造成为城市物流协同配送管理平台；另一方面是电动物流车租赁企业、城市物流企业、电动物流车生产企业和政府管理部门之间的协同，注重电动物流车租赁上下游企业之间的信息交流，保证所有客户能够及时获得全面的信息，从而实现电动物流车综合管控的战略发展目标。

2）渐进式发展战略

由于电动物流车应用目前尚处于发展阶段，其相应业务信息平台建设相对薄弱，平台业务和功能需求要根据平台发展和应用进行调整，因此制定分阶段的渐进式发展战略更有利于信息平台建设的实施。电动物流车租赁信息平台渐进式发展战略如图 4-9 所示。

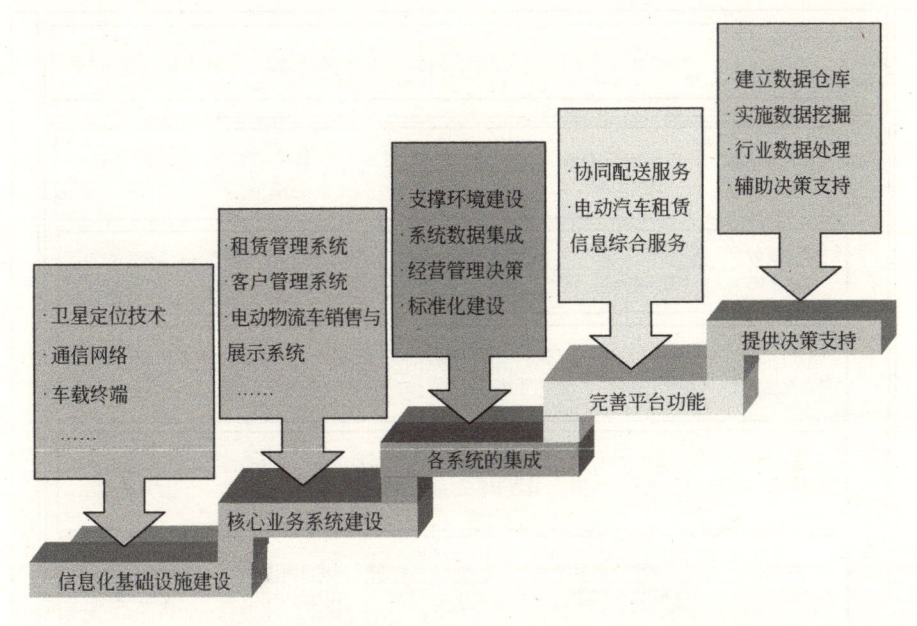

图 4-9　电动物流车租赁信息平台渐进式发展战略

如图 4-9 所示，渐进式发展首先要加强信息化基础设施的建设，为信息平台的建设提供基础，引入相应软件和硬件工具，包括车载终端、卫星定位技术等；其次是核心业务系统建设，包括引入租赁管理系统、客户管理系统及电动物流车销售与展示系统等；再通过系统集成技术完成各系统模块的集成，包括系统数据集成，经营管理决策，标准化建设等；再次是各主要平台及其子系统的关键功能的实现，包括协同配送服务、电动物流车租赁信息综合服务等；最后要建设支持平台运营管理层的决策支持系统，为其提供智能决策支持。

4.4　平台总体架构设计

基于发展城市绿色智慧物流的背景，以电动物流车租赁信息平台的发展战略为指导，结合平台建设的需求分析，构建如图 4-10 所示的电动物流车租赁信息平台总体架构。

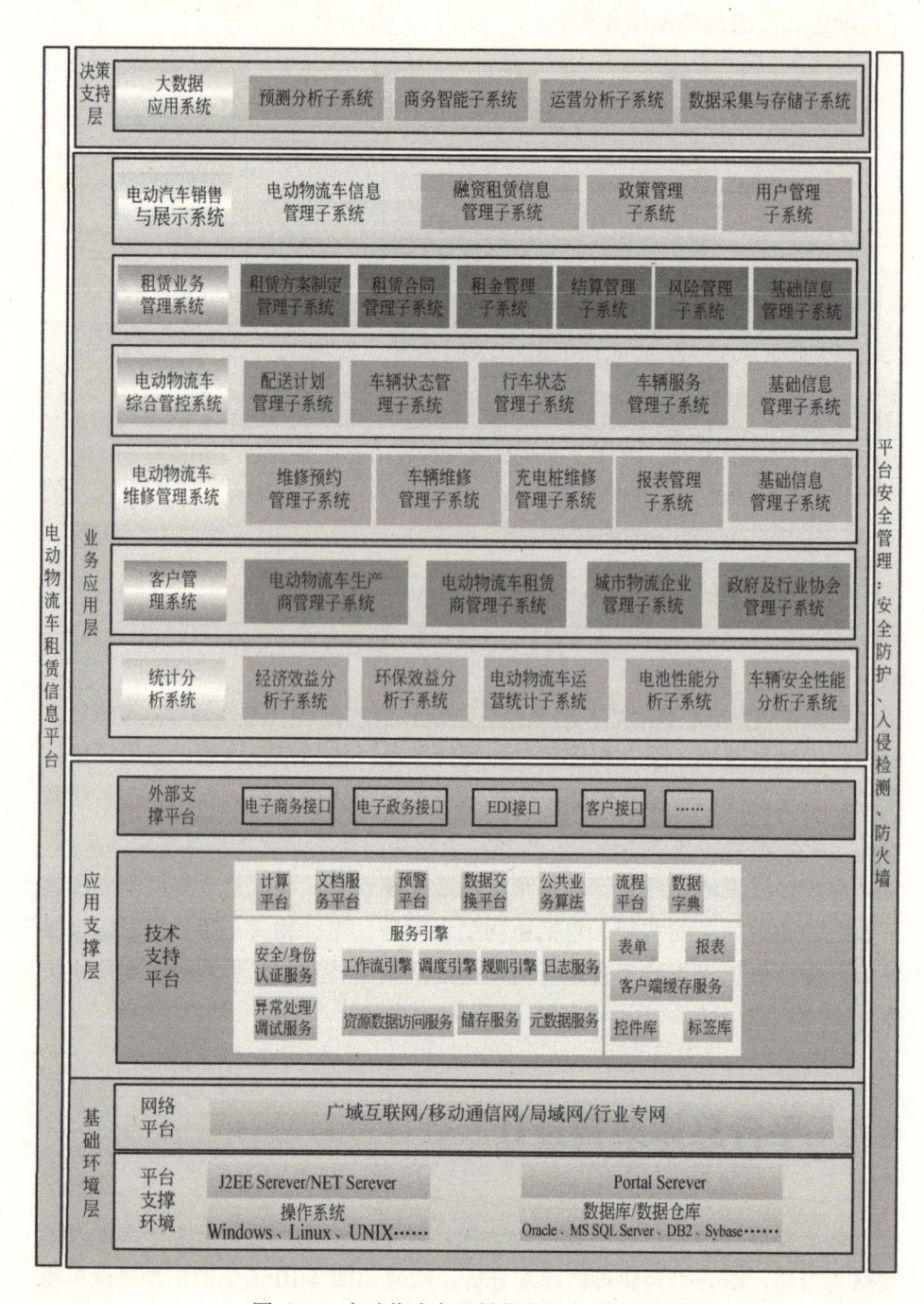

图 4-10 电动物流车租赁信息平台总体架构

4.4.1 基础环境层

1. 支撑环境层

支撑环境层包括系统的运营环境、操作系统环境、数据库及数据仓库环境。它们为租赁信息平台业务系统的运行、开发工具的使用、Web Service 服务和大规模数据采集与存储等提供了环境支撑，保障了整个平台架构的运营环境的完整性。是平台得以正常运行的基础。

2. 网络层

网络层主要提供平台运行的网络平台，包括广域互联网、局域网、移动通信网、行业专网，以及网络设备以及接入隔离设备。网络层与相关系统接口可为 Web Service 信息服务、资源寻址服务等提供服务基础，用以支持进行相关业务的信息传输。

4.4.2 应用支撑层

1. 技术支持平台

技术支持平台一方面通过服务引擎与资源、数据访问服务和感知技术相关功能有机的结合，以安全认证服务、调度引擎、工作流引擎、规则引擎、异常处理机制、元数据服务等关键功能为基础，实现感知系统的数据管理、业务过程执行引擎功能等。另一方面通过云计算平台、数据交换平台、数据字典、公共业务算法、流程平台、文档服务平台等为感知数据在业务应用方面提供传输、处理、转换等功能支持，实现各类表单、报表的制作，实现客户端缓存服务及控件库、标签库的构建。

2. 外部接入平台

外部应用支撑层主要包括企业完成各项业务所需的外部接口。电动物流车租赁信息平台通过电子商务接口、电子政务接口、客户接口、EDI 等接口与城市物流企业的信息系统对接，从而实现城市物流企业间的信息共享，对各城市物流企业信息及政府相关政策进行实时更新，为协同配送提供信息支持。

4.4.3 业务应用层

业务应用层主要包括以下几个系统。

1. 电动物流车销售与展示系统

电动物流车销售与展示系统一方面通过对电动物流车生产企业信息、电动物流车价格信息、电动物流车配置信息等信息的管理，实现电动物流车销售与购置的管理；另一方面通过租赁信息发布、租赁查询等功能实现对电动物流车租赁商、城市物流企业的管理，实现租赁交易撮合的目的。

2. 融资租赁管理系统

融资租赁管理系统主要用来实现对租赁业务的综合管理：一是帮助租赁企业制定租赁方案，包括租赁价格和租赁合同的管理；二是进行租赁费用的收取和调整的管理；三是针对租赁项目结束进行相关结算管理；四是针对整个租赁流程进行风险控制管理，保障租赁企业的效益。

3. 电动物流车综合管控系统

电动物流车综合管控系统是实现协同配送和电动物流车综合管理的重要系统。电动物流车综合管理包括行车路径记录、车辆电量监控、充电预约及维修管理，是统计分析系统经济效益和环保效益分析的重要数据来源。电动物流车综合管控系统即是通过所获取到的各类信息对电动物流车的日常运营进行维护，并将所获取到的数据通过大数据技术进行进一步分析，提出对配送路线、车辆性能、维修维护等方面的优化意见。

4. 电动物流车维修与管理系统

电动物流车维修与管理系统主要实现对新能源设备（这里指电动物流车和充电桩）的维修信息的综合管理。该系统是实现租赁综合服务的重要支持系统，同时也是统计分析系统中电动物流车性能指标分析的重要数据来源。通过电动物流车维修与管理系统，能了解到电动物流车的维修频率、常见问题等，并有针对性地对电动物流车进行改造。

5. 客户管理系统

客户管理系统用以实现对电动物流车生产商、租赁商、城市物流企业以及相关政府管理部门和行业协会等平台用户的统一管理。客户管理系统主要对企业客户的基础信息、业务信息及客户合同进行统计和管理，对于政府管理部门及行业协会主要满足行业政策管理及电动物流车生产及应用技术标准管理的需求。客户管理系统还需提供与客户进行沟通的功能，能实现对客户的关怀，及时了解客户需求，解决客户反馈的问题。

6. 统计分析系统

统计分析系统从各个业务系统提取数据，实现城市绿色智慧物流运营统计、电动物流车运营经济和环保效益统计、电动物流车性能分析三个方面的统计和分析。统计分析系统需要先进的大数据分析技术作为支持。通过大数据技术，能对电动物流车的市场需求状况进行预测，能贯通整个电动物流车供应链，能更准确地进行客户挖掘。

4.4.4 智能决策层

智能决策层依靠大数据应用服务系统，从平台业务系统及社会其他平台采集数据，通过数据分析、数据挖掘等工具，对城市绿色智慧物流的发展进行预测分析，模拟决策过程和方案的环境，辅助平台用户企业实现智能化管理。大数据应用系统下又分为预测分析子系统、商务智能子系统、运营分析子系统、数据采集与存储子系统。各子系统相互联系，共同实现大数据应用的各项服务。

4.5 平台应用系统设计

通过分析电动物流车租赁信息平台的业务体系和业务流程，结合平台用户需求，进行平台应用系统设计，具体包括电动物流车销售与展示系统、客户管理系统、融资租赁管理系统、电动物流车综合管控系统、电动物流车维修管理系统和统计分析系统、大数据应用服务系统的设计。

4.5.1 电动物流车销售与展示系统

电动物流车销售与展示系统以促进电动物流车销售及租赁，反映行业发展动态为目标，结合平台用户需求，进行应用子系统设计，具体包括电动物流车产品展示子系统、电动物流车政策管理与发布子系统、电动物流车租赁信息管理子系统和用户管理子系统四部分，其总体结构如图 4-11 所示。

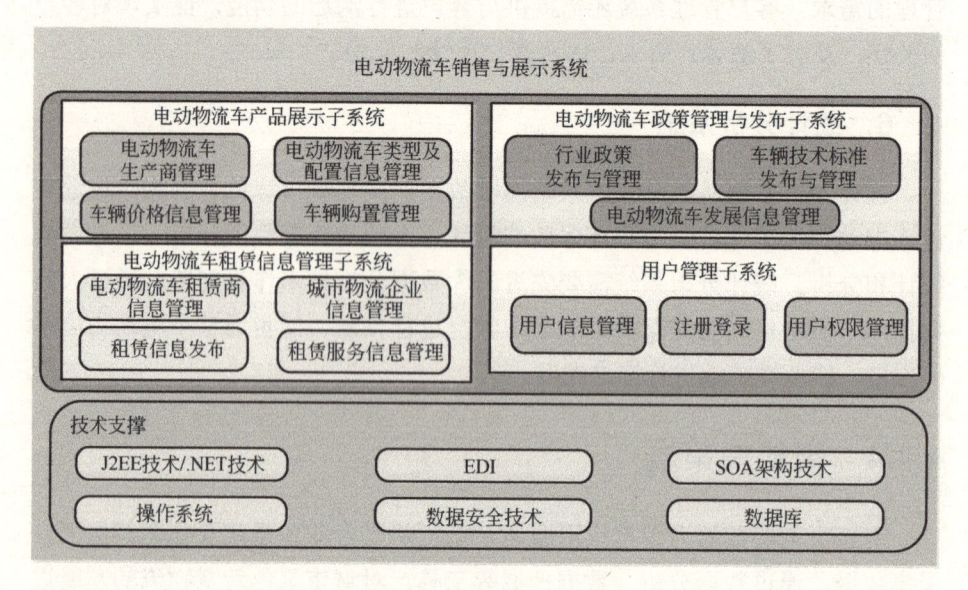

图 4-11 电动物流车销售与展示系统总体结构

如图 4-11 所示，电动物流车销售和产品展示子系统通过对电动物流车生产商信息、电动物流车车辆类型及配置信息的管理实现电动物流车展示的目的，通过对车辆价格信息和车辆购置的管理实现电动物流车销售和购置功能。

电动物流车政策管理与发布子系统将电动物流车行业发展动态进行实时展现，为电动物流车生产商、租赁商及城市物流企业进行合作提供环境支持，使得各方能实时掌握政府颁布的电动物流车相关政策，以更积极的态度面对相关政策的改变。

租赁信息管理系统实现对租赁商及城市物流企业的信息管理，通过租赁信息发布功能实现租赁撮合的目的，能在第一时间将空闲的电动物流车信息推送至各电动物流车租赁企业，降低电动物流车的闲置率，并对租赁出去的电动物流车的状态进行实时监控。

4.5.2 融资租赁管理系统

融资租赁管理系统在分析融资租赁的各项业务的基础上，结合电动物流车租赁实际应用需求和风险管理需求进行功能设计，其总体结构如图 4-12 所示。

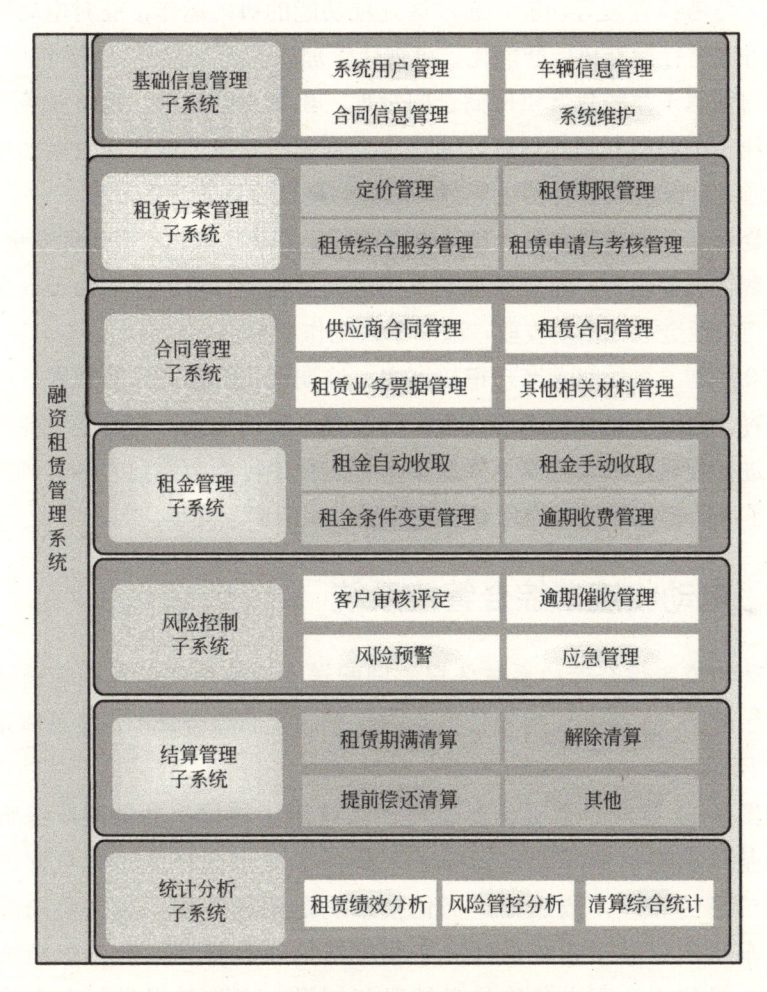

图 4-12 融资租赁管理系统总体结构

如图 4-12 所示，融资租赁管理系统通过功能子系统的设计，实现了租赁方案定制、租赁合同管理、租金收取、租赁结算整个租赁流程的管理，并依靠风险控制子系统实现租赁业务全过程的风险控制，最后通过统计分析子系统针对租赁业务的关键环节给出绩效统计数据。

其中,基础信息管理子系统包含系统用户管理、车辆信息管理、合同信息管理、系统维护等内容。它能够对平台使用主体的各种基础信息进行记录,并进行相关维护工作,使平台能够维持日常运行。

租赁方案管理子系统包含定价管理、租赁期限管理、租赁综合服务管理、租赁申请与考核管理等功能。通过这几项功能的协同运作,能对电动物流车的租赁方案进行标准化、智能化、可视化管理。

合同管理子系统包含供应商合同管理、租赁合同管理、租赁业务票据管理、其他相关材料管理等内容。通过合同管理子系统,能实现合同的电子化管理,通过计算机对各合同进行归类总结,降低合同管理的难度。

租金管理子系统包含租金自动收取、租金手动收取、租金条件变更管理、逾期收费管理等内容。租金管理子系统提高了租金管理的灵活性和安全性,并能对相应租金进行自动收取,减少了人工作业量。

风险控制子系统包含客户审核评定、逾期催收管理、风险预警、应急管理等内容。通过大数据技术等实现了对各类风险的预报,使得平台能够对各类风险进行规避,最大限度地降低了平台运营中可能会遇到的各类风险。即使出现了风险,也能通过应急管理功能进行相应应急处理。

4.5.3 电动物流车综合管控系统

电动物流车综合管控系统依据协同配送主业务和充电维修等辅助服务业务进行设计,主要实现对租赁电动物流车运营的综合管控,其总体结构如图 4-13 所示。

如图 4-13 所示,基础信息管理子系统用于搭建电动物流车综合管控系统的基础框架;协同配送管理子系统用于对配送订单的整合管理和车辆资源信息的管理,依靠配送优化技术制定配送计划,实现协同配送业务;行车状态管理子系统是针对车辆配送的在途管理,针对车辆的行车路径、电量状态、配送货物信息等进行记录,并为其提供行车引导、通信管理等服务;车辆服务管理子系统为电动物流车提供充电和维修预约服务;统计分析子系统针对业务子系统的信息进行统计,反映电动物流车的运行效益。

第 4 章 电动物流车租赁信息平台规划 ◆◆◆

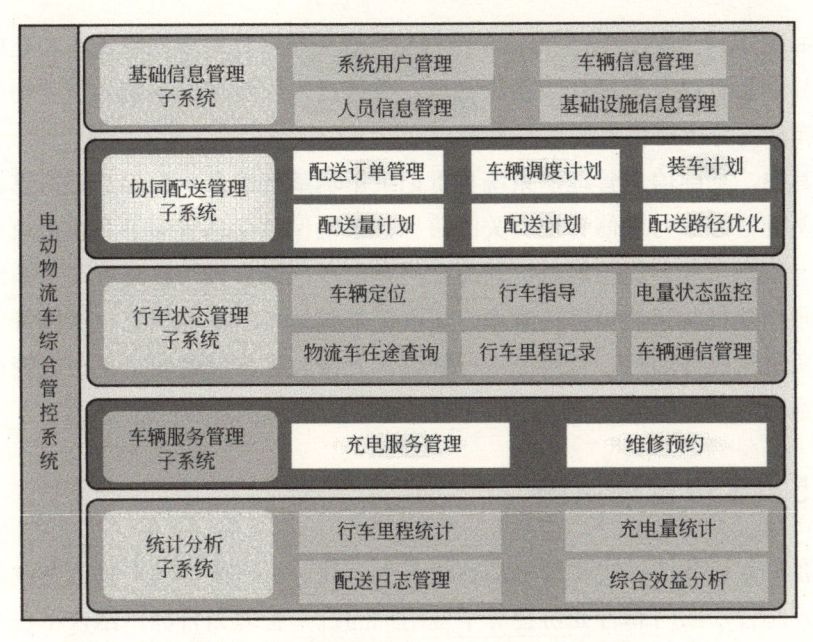

电动物流车综合管控系统	基础信息管理子系统	系统用户管理	车辆信息管理
		人员信息管理	基础设施信息管理
	协同配送管理子系统	配送订单管理	车辆调度计划	装车计划
		配送量计划	配送计划	配送路径优化
	行车状态管理子系统	车辆定位	行车指导	电量状态监控
		物流车在途查询	行车里程记录	车辆通信管理
	车辆服务管理子系统	充电服务管理	维修预约
	统计分析子系统	行车里程统计	充电量统计
		配送日志管理	综合效益分析

图 4-13　电动物流车综合管控系统总体结构

4.5.4　电动物流车维修管理系统

电动物流车维修管理系统以实现电动物流车和充电桩的维修管理等业务的管理为系统设计核心目标，结合业务流程分析及用户需求，进行电动物流车维修管理系统设计，其总体结构如图 4-14 所示。

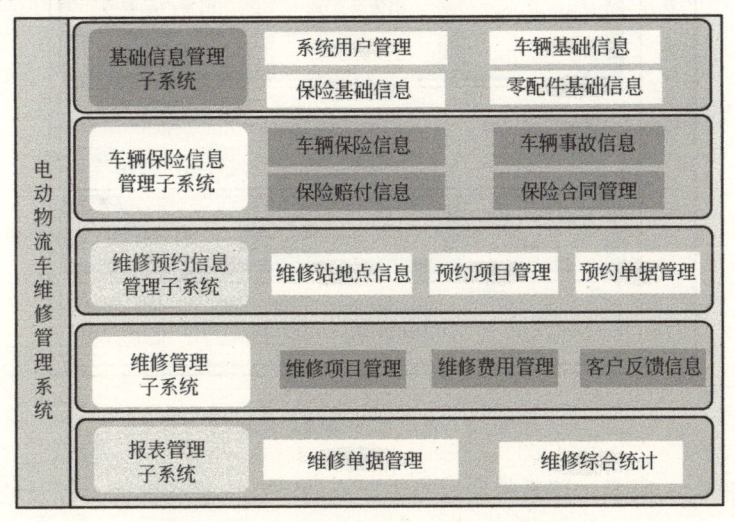

电动物流车维修管理系统	基础信息管理子系统	系统用户管理	车辆基础信息
		保险基础信息	零配件基础信息
	车辆保险信息管理子系统	车辆保险信息	车辆事故信息
		保险赔付信息	保险合同管理
	维修预约信息管理子系统	维修站地点信息	预约项目管理	预约单据管理
	维修管理子系统	维修项目管理	维修费用管理	客户反馈信息
	报表管理子系统	维修单据管理	维修综合统计

图 4-14　电动物流车维修管理系统总体结构

· 107 ·

如图 4-14 所示，电动物流车维修与管理系统实现对电动物流车和充电桩的维修信息管理及车辆保险信息管理，并通过报表管理子系统为电动物流车性能指标的分析提供重要数据来源。

其中，基础信息管理子系统负责记录车辆基础信息、保险基础信息、零配件基础信息等与维修管理有关的信息；车辆保险信息管理子系统记录车辆保险、车辆事故、保险赔付、保险合同等信息；维修预约信息管理子系统能实现预约项目及预约单据的管理，还能记录维修站的地点信息；维修管理子系统负责对维修项目、费用等进行管理，并接收客户反馈信息；报表管理子系统则对维修单据进行管理并进行相关统计工作。

4.5.5 客户管理系统

客户管理系统以实现对电动物流车生产商、租赁商、城市物流企业以及相关政府管理部门和行业协会等平台用户的统一管理为目标，结合平台用户需求分析，进行子系统设计。客户管理系统总体结构如图 4-15 所示。

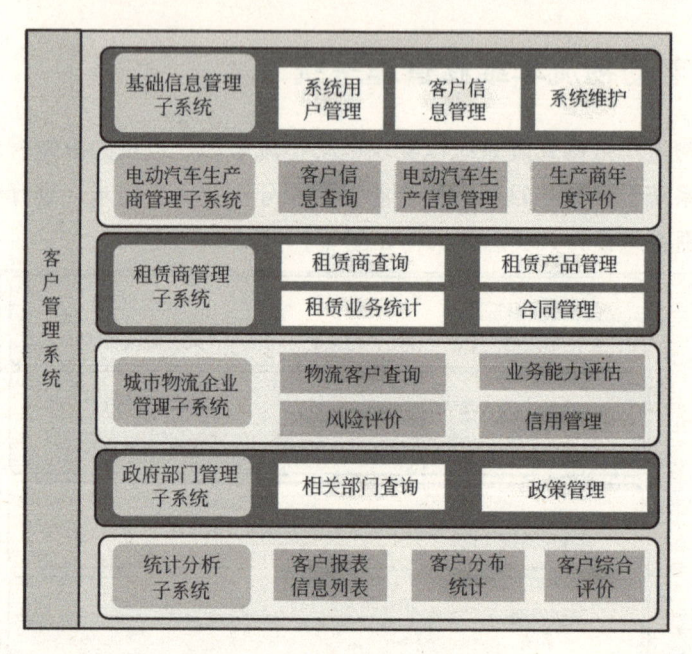

图 4-15 客户管理系统总体结构

如图 4-15 所示，该系统通过对生产商的产品信息和评价，以及城市物流企业的业务和风险评价，为租赁商与其合作提供信息支持。租赁商管理子系统用以实现租赁企业查询与管理；政府部门管理子系统实现对电动物流车租赁应用管理部门及政策的查询与管理。

其中，基础信息管理子系统对客户的基础信息进行记录；电动汽车生产商管理子系统提供对客户信息的查询服务，对电动物流车生产信息的管理及对生产商的年度评价；租赁商管理子系统包含租赁商查询、租赁业务统计、租赁产品管理、合同管理等功能；城市物流企业管理子系统能对物流客户进行查询，对业务能力进行评估，对风险进行评价，对信用进行管理；政府部门管理子系统能对相关政策进行管理，能对相关部门进行查询；统计分析子系统负责对客户报表进行分析，对客户分布进行统计，对客户进行综合评价。

4.5.6 统计分析系统

统计分析系统主要实现对区域电动物流车区域运营情况、运营效益及电动物流车车辆性能进行统计和分析，基于以上的系统功能定位分析，进行系统总体结构设计，具体如图 4-16 所示。

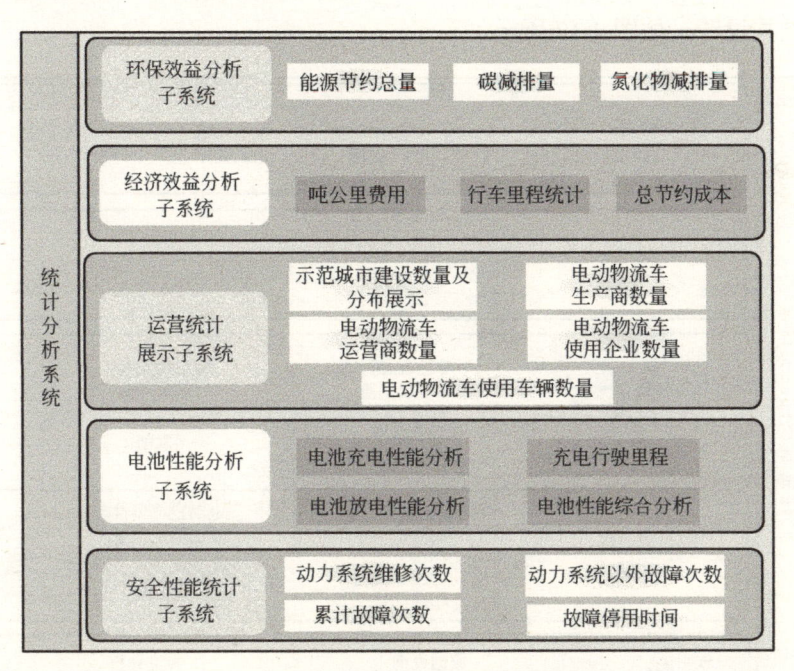

图 4-16 统计分析系统总体结构

如图 4-16 所示，环保效益分析子系统通过指标转换，对电动物流车的整体运营的能源节约总量、碳减排量、氮化物减排量等指标进行展示,能够具体反映电动物流车运营的环保效益;经济效益分析子系统通过对电动物流车运行里程与成本信息进行统计,并通过对比燃油机动车的相关数据,达到实现直观反映其经济效益的目的;运营统计展示子系统主要对电动物流车运营的城市、企业及入网车辆信息进行统计并分类展示;电池性能分析和安全性能统计子系统通过提取业务系统数据,对电动物流车性能通过指标进行展示,为城市物流企业及租赁企业选择合适的车辆提供依据,为电动物流车加强生产技术创新提供数据支持。

4.5.7 大数据应用服务系统

大数据应用服务系统需对租赁信息平台的数据和城市物流数据进行整合,通过数据挖掘和分析技术,对城市绿色智慧物流的发展进行预测分析,对城市绿色智慧物流的运营主体的业务流程进行诊断与优化,为运营决策者提供辅助决策功能。基于上述系统功能定位,针对大数据应用服务系统进行总体结构设计,如图4-17所示。

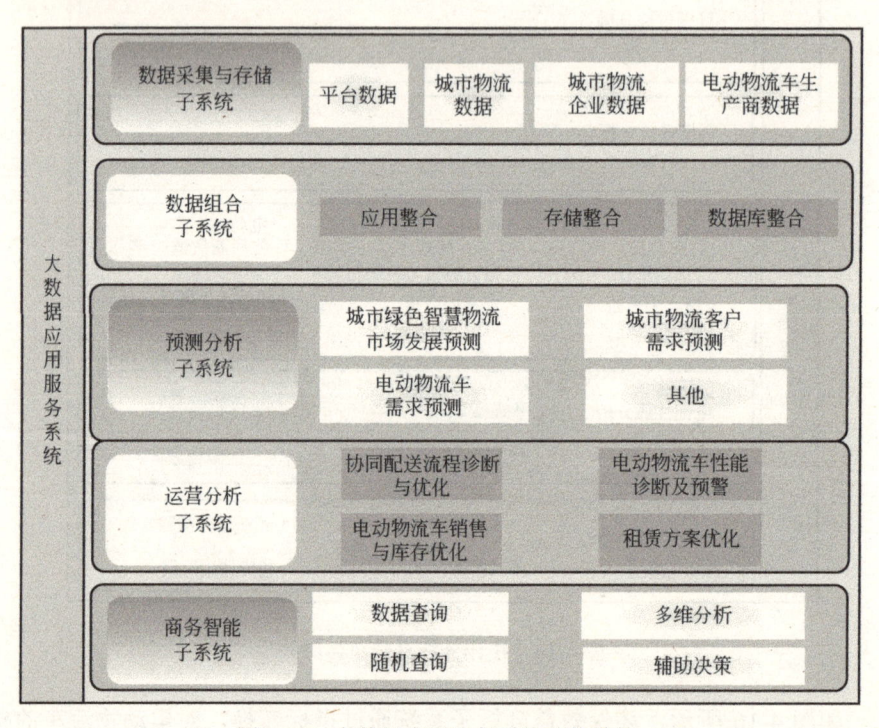

图 4-17 大数据应用服务系统总体结构

如图 4-17 所示，大数据系统将对海量的城市物流数据和电动物流车运营数据进行数据采集、存储和处理，实现城市绿色智慧物流的发展预测、运营分析、商务智能管理。预测分析子系统一方面实现城市物流发展需求预测及由此带来的电动物流车行业发展需求预测，另一方面实现城市物流客户需求量、需求分布的预测，为业务流程的优化提供支持；运营分析子系统主要通过对城市绿色智慧物流运营主体的业务数据进行分析，实现业务流程诊断，并给出优化方案；商务智能子系统将业务数据转化为具有商业价值的信息，提高对电动物流车租赁链条节点企业的核心业务、辅助业务与增值业务分析的智能化程度，具体功能包括数据查询、随机查询、多维分析和辅助决策。

参 考 文 献

[1] 范真荣. 基于全社会视角下的智慧物流平台建设探析 [J]. 物流技术，2013，32（9）：426-428，496.

[2] 赵捷. 企业信息化总体架构 [M]. 北京：清华大学出版社，2011.

[3] 王意洁，孙伟东，等. 云计算环境下的分布存储关键技术 [J]. 软件学报，2012（4）：23.

[4] 荆心. 基于物联网的物流信息系统体系结构研究 [J]. 科技信息，2010（20）：410.

[5] 马建. 物联网技术概论 [M]. 北京：机械工业出版社，2011.

[6] 耿兴荣. 城市物流发展规划的理论框架研究 [J]. 城市规划汇刊，2003（6）：86-90.

[7] 程世东，荣建，刘小明，于杰. 城市物流系统及其规划 [J]. 北京工业大学学报，2005，31（1）：55-57.

[8] 刘满芝，周梅华，杨娟. 我国城市物流发展体系构建及实施策略建议 [J]. 商场现代化，2008（6）：152-153.

[9] Richard R，Nelson.The Sources of Economic Growth [M]. Harvard University Press，2001：26.

[10] 龚志锋，范守文，李刚. 现代物流园区的信息系统建设 [J]. 科技进步与对策，2005，22（5）：148-149.

[11] 周立新，刘琨. 智能物流运输系统 [J]. 同济大学学报（自然科学版），2002，30（7）：829-832.

[12] 赵立权. 智能物流及其支撑技术 [J]. 情报杂志，2005，24（12）：49-50，53.

[13] 臧传真，范玉顺. 基于智能物件的制造企业信息系统研究 [J]. 计算机集成制造系统，2007，13（1）：49-56.

[14] 闻学伟，汝宜红. 智能物流系统设计及应用 [J]. 交通运输系统工程与信息，2002，2（1）：16-19.

第5章
电动物流车租赁平台商业模式及经营方案设计

....

  电动物流车作为绿色智慧物流的重要表现形式，是城市物流未来的发展方向和趋势。本书主要结合电动物流车租赁平台的企业主导协同合作运营模式，结合"需求导向，协同规划，政府引导，企业运作，逐步完善"的原则对电动物流车租赁平台的商业模式与经营方案进行设计。本章分别对电动物流车租赁平台的市场定位、相关利益主体、运营机制、商业模式和推广方案进行了分析设计。

5.1 电动物流车租赁平台市场定位

  基于电动物流车租赁平台的总体战略和长远发展目标，在分析了电动物流车租赁市场和电动物流车租赁平台建设目标定位的基础上，结合平台的产品与服务，最终确定电动物流车租赁平台的市场定位——"互联网+电动物流车租赁"运营平台，如图 5-1 所示。

  如图 5-1 所示，结合电动物流车租赁平台的市场定位，依托第三方租赁平台运营公司对平台的运营管理，设计提出电动物流车租赁平台的四大业务板块，分别为融资租赁板块、业务协作板块、绿色物流板块和智慧物流板块。

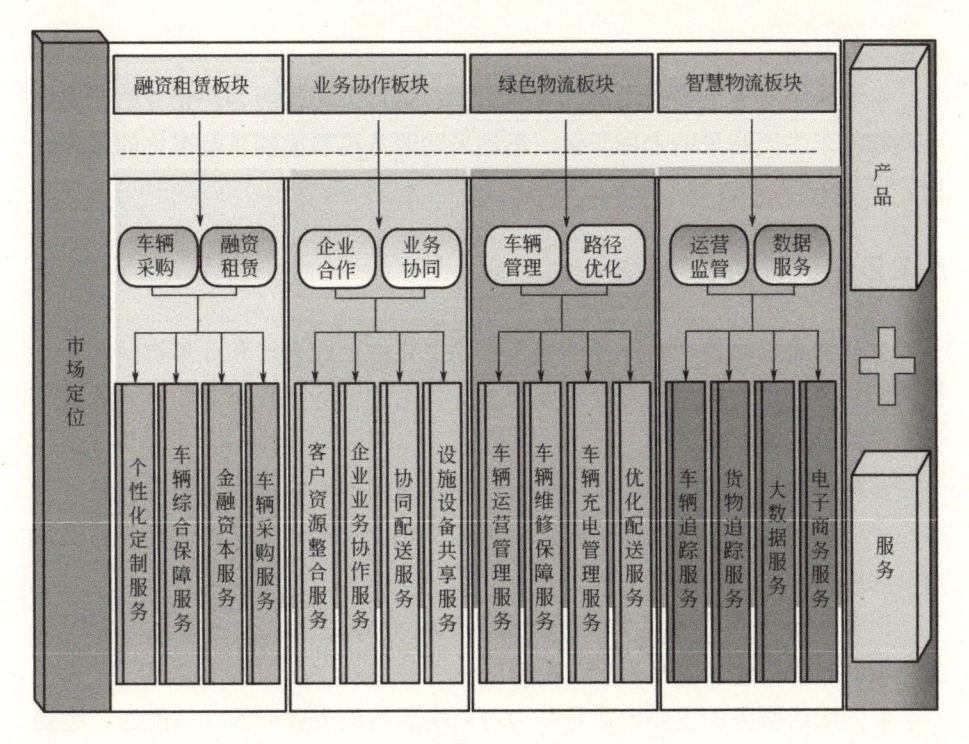

图 5-1 电动物流车租赁平台市场定位

5.1.1 融资租赁板块

电动物流车租赁平台融资租赁板块主要由车辆采购和融资租赁两部分构成，以车辆采购业务作为核心业务内容，为客户企业提供个性化定制服务、车辆综合保障服务、金融资本服务和车辆采购服务。

个性化定制服务内容体现在平台可以提供符合客户企业自身业务需求的专业定制型电动物流车，如对冷链企业，可以对电动物流车进行保温处理，使其达到冷链运输要求；对危险品运输企业，可对电动物流车进行防爆处理等，使其达到危险品运输要求。

车辆综合保障服务主要是平台对租赁的车辆提供包括充电管理、电池续航等一系列的保障性服务，通过综合保障服务能保障租赁出去的电动物流车的日常运行，增强其实用性。

金融资本服务主要内容是平台依托合作金融机构，可以为客户企业提供金融资本方面的服务，改善流通环境，加快资本周转，推动整个电动物流车行业向前发展。

车辆采购服务主要指由第三方租赁平台运营公司按照客户企业的要求向电动物流车生产商采购专用车辆。车辆采购服务需要能提供标准化的采购流程，记录采购信息。

5.1.2　业务协作板块

电动物流车租赁平台业务的协作板块主要由企业合作和业务协同两部分构成，为客户企业提供客户资源整合服务、企业业务协作服务、协同配送服务和设施设备共享服务。

客户资源整合服务体现在平台可以整合不同客户企业间的业务资源，为客户企业间的业务合作搭建桥梁，增加客户企业间的业务量，达到业务资源的高利用率。

企业业务协作服务主要指平台能为客户企业提供在业务方面的协作服务，辅助客户企业完成相关配送业务。

协同配送服务的主要内容是平台可以实现物流企业间的共同配送，达到物流配送的高效化，降低客户企业成本，缩短配送时间。

设施设备共享服务主要体现在不同客户企业可以共享由平台建设的充电桩等设施，实现专用车辆设施设备使用的共享化，提高相关设施设备的使用效率，降低电动物流车使用成本。

5.1.3　绿色物流板块

电动物流车租赁平台的绿色物流板块主要由车辆管理和路径优化两部分构成，为客户企业提供车辆运营管理服务、车辆维修保障服务、车辆充电管理服务和优化配送服务。

车辆运营管理服务主要内容是平台为客户企业提供有关于车辆日常运营的综合管理服务，包括对行车路径的记录、车辆电量的监控等。

车辆维修保障服务主要内容是平台为客户企业解决车辆在正常使用过程当中产生的一系列问题，充分保障客户企业对车辆的使用需求，对电动物流车进行定期检修。

车辆充电管理服务主要内容是平台通过对客户企业的车辆充电进行统一的调度管理，提高车辆的充电效率，提高充电桩的使用效率，节省电动物流车充电等待时间。

优化配送服务主要服务内容是为客户企业在配送过程当中进行线路的优化服务，实现客户配送效率的最大化。

5.1.4 智慧物流板块

电动物流车租赁平台的智慧物流板块由运营监管和数据服务两部分构成，为客户企业提供车辆追踪服务、货物追踪服务、大数据服务和电子商务服务。

车辆追踪服务主要内容是平台依托自身网络信息化建设，为客户企业提供车辆实时位置追踪、行驶轨迹再现等服务。

货物追踪服务主要内容是平台能为客户企业提供对整个配送过程中货物的实时监管服务，提升货物的安全性，降低货物丢失概率，使客户企业能够实时掌握货物的运输情况。

大数据服务主要内容是平台在收集大量客户业务相关数据后，通过云计算为客户企业提供相关数据服务，包括预测分析、运营分析、商务智能管理等方面。

电子商务服务是指平台利用自身网络平台为客户企业提供电子商务相关的服务，包括电子商务 ERP、精准营销、效果营销、代运营等服务。

5.2 电动物流车租赁平台各相关利益主体分析

结合电动物流车租赁平台市场定位，通过分析电动物流车租赁平台各参与主体间的相关职责，确立各利益主体间关系，明确各方利益关系后，本节从各参与方利益角度进行分析。相关利益主体分析如图 5-2 所示。

如图 5-2 所示，依据各参与方的参与性质，将参与主体划分为政府层、企业层、运营层三个层面，其中政府层主要包括相关政府部门，企业层包括金融机构、城市物流企业和电动物流车生产商，运营层则是指第三方租赁平台运营公司，分别对每个层面所包含的相关利益主体进行分析。

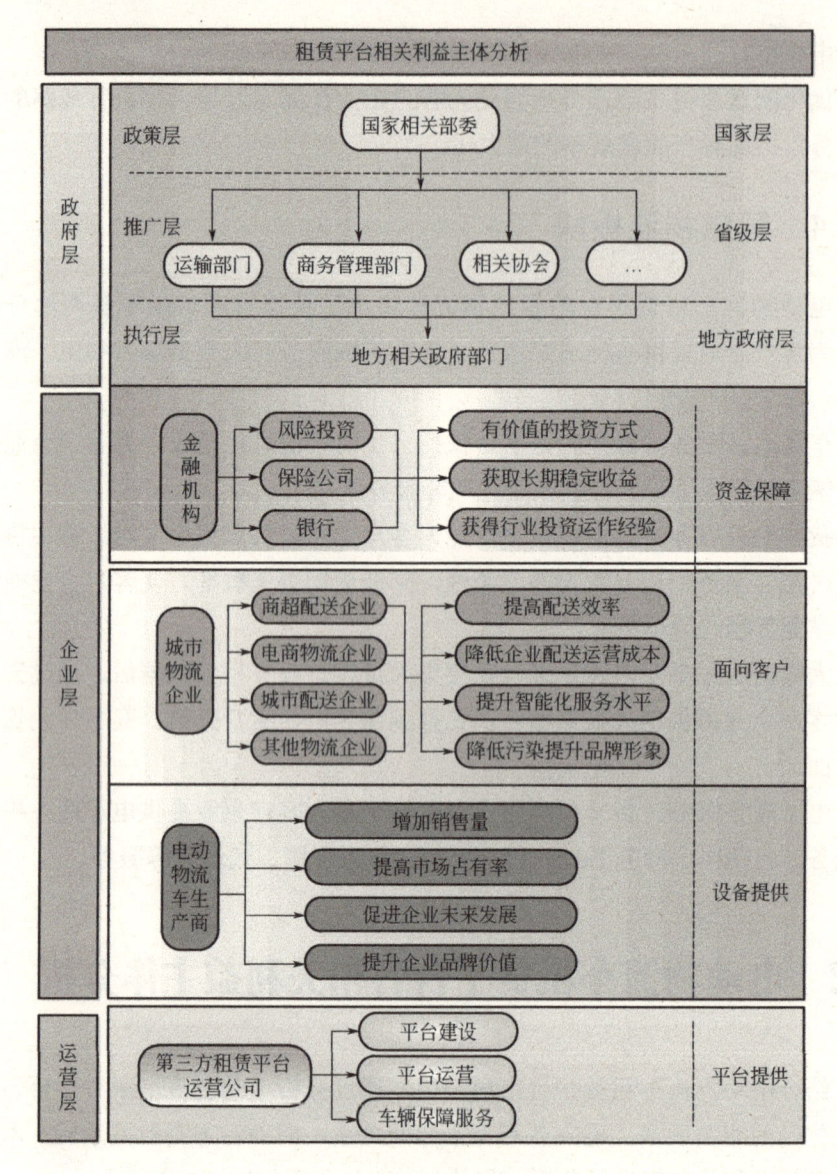

图 5-2 相关利益主体分析

5.2.1 政府层

政府层依据行政等级可分为国家层、省级层、地方政府层。

其中国家相关部委是国家层面上的政府机构，是电动物流车租赁平台对应相关政策的制定部门，定位为政府层当中的政策层，国家相关部委通过发布鼓励政策，吸引更多企业参与到平台的建设当中，实现良性运营。

运输部门、商务部门和相关协会等是省级层面上的相关政府部门，是电动物流车租赁平台主要的推广层，负责相关政策的推广与具体说明，并结合国家政策大方向和各地实际情况制定细分政策。

地方相关政府部门定义为地方政府层面，是电动物流车租赁平台的执行层。地方相关政府部门按照国家相关部委的政策要求，在省级相关政府部门的推广鼓励下，将平台在当地进行推广应用。地方相关政府部门也负责解决政策落地过程中的实际问题，针对各地情况解决所出现的问题。

5.2.2 企业层

1. 金融机构

金融机构作为电动物流车租赁平台的投资方，其种类主要有银行、保险公司、风险投资公司等。金融机构为平台建设的参与方之一，为电动物流车租赁平台的建设和车辆的购买等提供资金保障。对金融机构来说，参与平台的建设是具有远瞻性的有价值的投资方式，能够从平台的运营当中获取长期稳定的收益，同时还能获得行业投资运作经验。

2. 城市物流企业

城市物流企业是电动物流车租赁平台面向的主要客户，其主要包括电商物流企业、商超配送企业、城市配送企业、其他物流企业四种类型。

当前，在城市交通工具的激增和大城市严格的货车入城限制政策下，城市物流企业的配送效率低下，配送成本居高不下。电动物流车租赁平台的建立能为城市物流企业带来巨大的利益。作为国家政策支持推广应用的城市物流车辆，电动物流车可以大幅缩短城市物流企业的配送时间，提高配送效率，继而降低企业运营成本。电动物流车是智能型汽车，与互联网技术高度整合，能有效提升企业智能化服务水平，实现真正的"互联网+物流"。电动物流车与传统物流车辆相比，还能在真正意义上实现零污染，有助于改善城市空气环境，提升客户企业品牌形象，同时对城市长久发展有着不可估量的益处。

3. 电动物流车生产商

电动物流车租赁平台的建立为电动物流车生产商带来的最大利益就是能大幅提升车辆销售量，带来利润的大幅增长。电动物流车租赁平台能增加电动物流车生产商在本行业中的市场占有率，巩固电动物流车生产商企业的地位。

电动物流车租赁平台的建立，不是从原来的市场上切了一块饼下来，而是自己制造了一张新的饼，它充分提升了各主体对电动物流车的接受程度、应用程度，在相关政策的支持下，使得电动物流车从边缘化的物流设备逐步成为城市物流的主流运输工具。

电动物流车租赁平台的建立，能促进企业未来在电动物流车制造领域的发展，有助于电动物流车生产商获得长期稳定的业务增长。电动物流车租赁平台的宣传作用能帮助电动物流车制造商提升企业的品牌价值。

5.2.3 运营层

第三方租赁平台运营公司是平台的建设和运营主体，向城市物流企业提供车辆运营服务和综合保障等服务，对整个平台运作起支撑作用。第三方租赁平台运营公司在平台建设运营的基础上能同时兼具利润与运作经验的双重收益，对平台和自身的未来发展起到至关重要的作用。

5.3 电动物流车租赁平台运营机制设计

综合电动物流车租赁平台各相关利益主体的分析，在相关政府部门的指导和政策鼓励下，以第三方租赁平台运营公司为出发点，分析设计各相关主体间的运营关系，逐步打造关系合同化、服务个性化、功能专业化、管理系统化和信息现代化的服务平台。

本节对电动物流车租赁平台的运营机制进行了设计，如图5-3所示。

如图5-3所示，电动物流车租赁平台采取多方参与、第三方租赁平台运营公司运营的运营机制。第三方租赁平台运营公司负责整个平台的运营管理，协调与政府部门、城市物流企业、金融机构和电动物流车生产商之间的运关系，实现各参与主体间的相互协作，共同完成整个电动物流车租赁平台的开发、建设、运营。

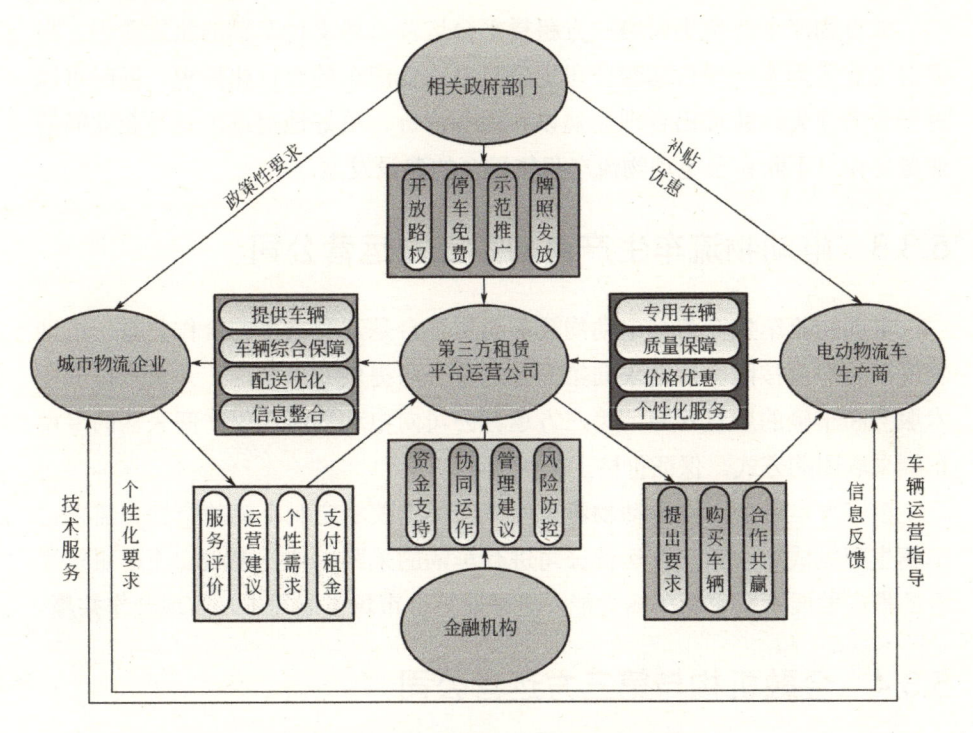

图 5-3 电动物流车租赁平台运营机制设计

5.3.1 政府部门与第三方运营公司

政府部门对电动物流车租赁平台的建设具有指导和政策鼓励的双重作用，相关政府部门对第三方租赁平台运营公司所提供的开放路权、停车免费、牌照发放等相关鼓励政策都极大地促进了电动物流车租赁平台的建设发展。通过政府部门的推广示范，提高了平台在城市物流行业的知名度，为平台未来的良性发展奠定了基础。

5.3.2 城市物流企业与第三方运营公司

城市物流企业是电动物流车租赁平台的主要目标客户。通过平台的建立，平台运营公司向城市物流企业租赁专用电动物流车辆，并负责提供车辆的综合保障服务；平台运营公司可以为城市物流企业提供配送优化服务，大大降低客户企业的配送成本；平台运营公司能对不同城市物流企业间实现业务信息整合，增加客户企业的业务量。

城市物流企业负责向第三方租赁平台运营公司支付车辆的租赁费用，根据自身业务需要向平台运营公司提出对电动物流车的个性化需求，同时可以对平台的建设运营提出合理化建议和服务评价，更好地促进平台与企业间的业务协作，不断完善电动物流车租赁平台的建设发展。

5.3.3 电动物流车生产商与第三方运营公司

电动物流车生产商与电动物流车租赁平台是互利共赢的合作关系，电动物流车生产商按照实际需求向第三方运营公司提供专用车辆，并负责提供技术服务和车辆的质量保障，第三方运营公司向电动物流车生产商采购的专用车辆采取团购方式，保证价格上的优惠。

第三方运营公司向电动物流车生产商提出关于定制车辆的个性化需求，车辆生产完成后由第三方运营公司进行车辆的采购，依托电动物流车租赁平台的推广发展不断更新车辆性能，更好地符合市场发展需求，实现合作共赢。

5.3.4 金融机构与第三方运营公司

金融机构在整个电动物流车租赁平台的建设运营过程中起到了关键性作用，是整个平台建设的核心要素。金融机构为第三方租赁平台运营公司提供资金支持，用于车辆的采购和平台的运营；金融机构可以对平台的管理运营提出合理意见，也可以参与到租赁平台运营公司的协同运作中；金融机构为平台运营公司提供关于平台金融方面的风险防控，降低平台金融资本运作风险。

5.4 电动物流车租赁平台商业模式设计

通过分析电动物流车租赁平台的运营机制，并结合电动物流车租赁平台的市场定位，本节对电动物流车租赁平台的商业模式进行设计，主要包括租赁业务流程设计、经营模式设计和盈利模式设计。

5.4.1 租赁业务流程设计

租赁业务作为电动物流车租赁平台的主业务，决定了电动物流车租赁平台的整体商业模式。对市场上现有的租车流程进行分析后，结合电动物流车的特点，可以得到图 5-4 所示的电动物流车租赁平台租赁业务流程。

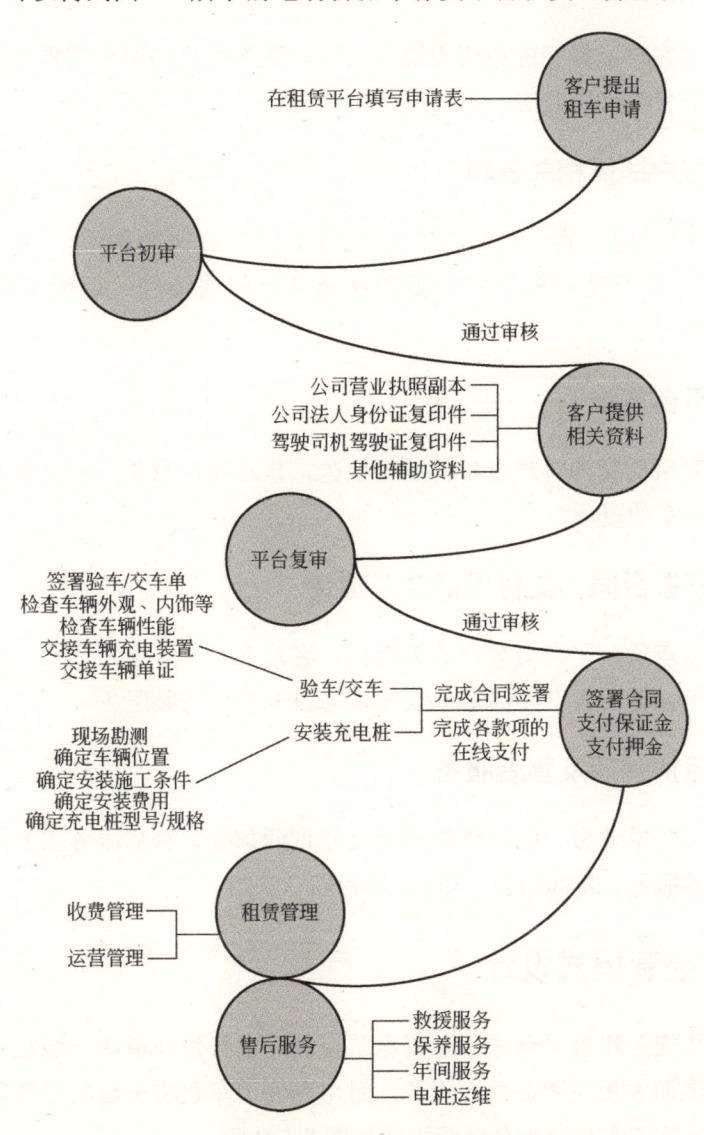

图 5-4 电动物流车租赁平台租赁业务流程

1. 提出租车申请

客户通过电动物流车租赁平台，在网上填写相关申请表，并上传至平台，完成租车申请。

2. 平台初审

平台对客户所提交的申请表进行初审，确定客户的租车需求交代清晰，确定客户的租车目的合法。

3. 客户提供相关资料

通过初审后，客户需向平台方提供公司营业执照副本、公司法人身份证复印件、驾驶司机驾驶证复印件及其他相关证件，以便平台进行身份核验。

4. 平台复审

平台对所提交的客户方材料进行核验，核对客户身份，确定客户具有租用电动物流车的资质。

5. 签署合同，支付保证金及押金

通过复审后，平台与客户签署合同，客户支付保证金及押金。完成相关手续后，平台需向客户提供验车/交车服务及充电桩安装服务。

6. 租赁管理及售后服务

租赁管理主要分为收费管理和运营管理两部分。售后服务主要分为救援服务、保养服务、年间服务、电桩运维等。

5.4.2 经营模式设计

电动物流车租赁平台依托融资租赁板块、业务协作板块、绿色物流板块和智慧物流四大板块所提供的服务，对电动物流车租赁平台的经营模式进行设计。电动物流车租赁平台经营模式如图5-5所示。

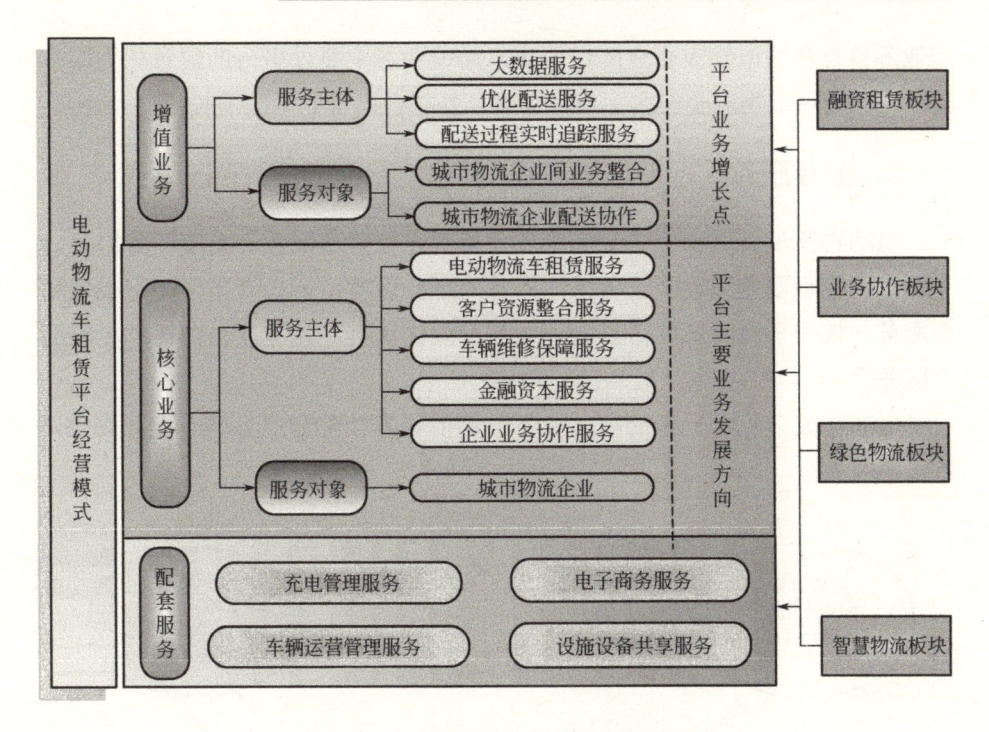

图 5-5　电动物流车租赁平台经营模式

如图 5-5 所示，基于电动物流车租赁平台的具体服务内容，将经营模式划分成增值业务、核心业务、配套服务三个方面，分别从服务主体和服务对象出发，进行分析设计。电动物流车租赁平台核心业务定义为平台主要经营业务发展方向，增值业务和配套服务作为平台业务的增长点进行业务的划分和设计。

1. 核心业务

电动物流车租赁平台核心业务服务主体主要包括电动物流车租赁服务、客户资源整合服务、车辆维修保障服务、金融资本服务和企业业务协作服务五部分内容，面向的服务对象为城市物流企业，作为平台经营发展的核心盈利板块，是平台未来经营发展的主要方向。

2. 增值业务

电动物流车租赁平台增值业务服务主体主要包括大数据服务、优化配送服务和配送过程实时追踪服务三部分内容，面向的服务对象为城市物流企业间业务整合和城市物流企业配送协作,增值业务主要以平台的信息化为服务基础,结合城市物流企业实际业务需求,是平台运营业务的增长点。

3. 配套服务

电动物流车租赁平台的配套服务主要有充电管理服务、电子商务服务、车辆运营管理服务和设施设备共享服务四部分内容,定义为平台的基础保障类服务,依托平台的高度信息化,发挥智能化优势,为客户企业提供相应配套服务。

电动物流车租赁平台的核心业务、增值业务、配套服务间存在如图 5-6 所示的关系。

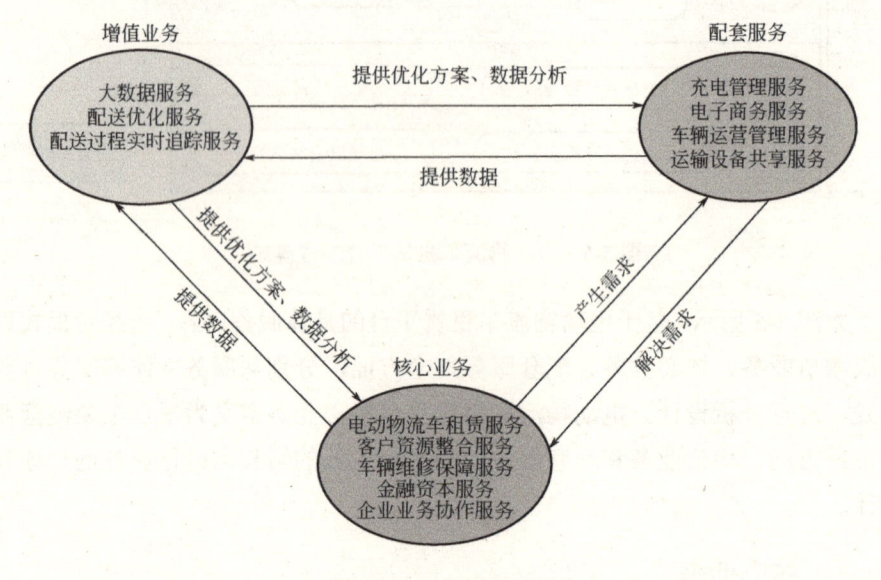

图 5-6 三大业务关系

如图 5-6 所示,核心业务产生配套服务的需求,配套服务的存在解决了核心业务中的相关需求;核心业务和配套服务将日常运营中的数据提供给增值业务部门,经大数据技术分析后,为相应的核心业务及配套服务提供数据分析及优化方案。

5.4.3 盈利模式设计

基于电动物流车租赁平台经营模式的增值业务、核心业务和配套服务三

第5章 电动物流车租赁平台商业模式及经营方案设计

大业务板块，综合各项业务板块所提供的服务，设计出电动物流车租赁平台盈利模式，如图5-7所示。

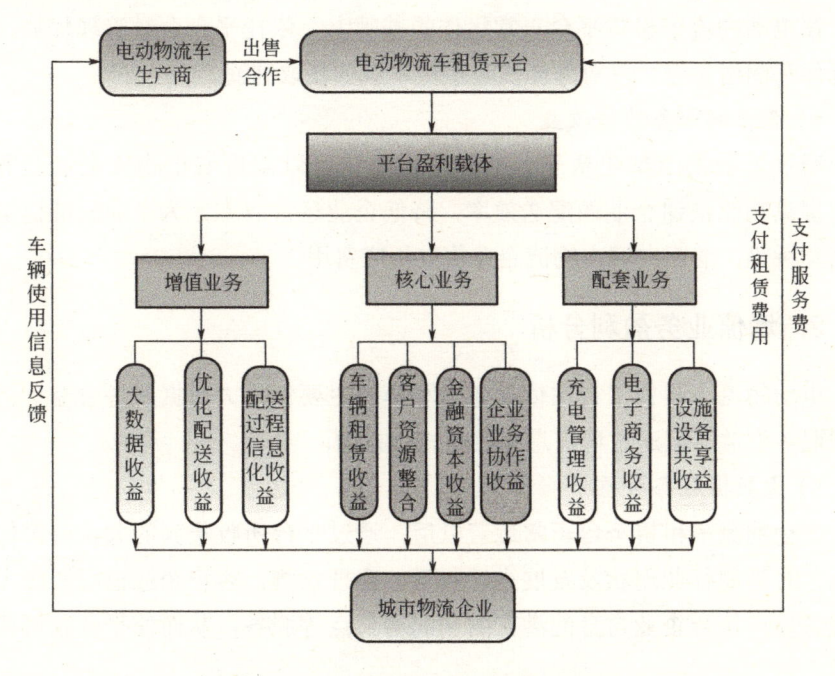

图 5-7 电动物流车租赁平台盈利模式

如图 5-7 所示，依据平台盈利载体所包含的增值业务、核心业务和配套服务三大业务板块，从各项业务所提供的产品与服务进行收益分析。

1. 核心业务盈利分析

电动物流车租赁平台核心业务盈利模块主要包括电动物流车租赁收益、客户资源整合收益、金融资本收益、企业间业务协作收益四个方面。其中，电动物流车租赁是核心盈利点。

1）电动物流车租赁收益

城市物流企业向电动物流车租赁平台租赁电动物流车，继而向平台支付租赁费是平台运营的主要收益来源，城市物流企业在整个物流行业中占有较高比例，电动物流车租赁平台的发展具有广阔的市场前景。

2）客户资源整合收益

电动物流车租赁平台通过大量的行业和客户业务信息数据，对其进行整合利用，向客户企业提供业务信息，提高城市物流企业的业务量，同时也能对客户企业未来业务发展提供咨询服务，以此向客户企业收取相应费用。

3）金融资本收益

在电动物流车租赁平台正常运作的基础上，依托平台金融管理优势，发展延伸利润增长点，以对外提供金融资本服务获取利润。

4）企业间业务协作收益

通过电动物流车租赁平台的网络信息化可以实现城市物流企业业务协作，提高物流快递企业的配送效率，降低企业运营成本，为企业间的协同协作搭建桥梁，继而向城市物流企业收取相应费用。

2. 增值业务盈利分析

电动物流车租赁平台增值业务盈利模块主要包括大数据服务收益、优化配送服务收益、配送过程信息化收益三个方面。

1）大数据服务收益

电动物流车租赁平台正常运营以后，通过平台所收集到的大量有价值的数据，对当前行业现状及发展进行科学、合理预测，客户企业也可通过大数据服务找出符合企业自身的潜在的利润增长点等服务，从而使平台获得相关收益。

2）优化配送服务收益

为城市物流企业提供最优化的配送路线能有效地提高配送效率，电动物流车租赁平台依托自身信息化的优势，向客户企业提供最优化配送路线服务并收取服务费用。

3）配送过程信息化收益

电动物流车租赁平台通过自身开发建设的车辆信息监控系统，能对车辆的配送过程进行实时的监控，避免货物的丢失和人为配送效率的低下，增加城市物流企业的效益，进而收取服务费。

3. 配套服务盈利分析

电动物流车租赁平台配套服务盈利主要包括充电管理收益、电子商务收益和设施设备共享收益三部分。

1）充电管理收益

电动物流车租赁平台可以根据客户企业的要求和业务大小程度在其相应的配送点设立充电站，方便客户企业对车辆的使用，进而收取相关设施费用。

2）电子商务收益

利用电动物流车租赁平台的信息化水平，发展建设电子商务，除自身发展建设外，也可通过与客户企业合作，增加平台运营收益。

3）设施设备共享收益

电动物流车租赁平台为客户企业间提供专用的电动物流车辆，客户企业出现车辆及其他设备临时无法满足需求时，通过平台的调度功能实现弥补，进而收取服务费用。

5.5 电动物流车租赁平台市场推广方案研究

电动物流车租赁平台的推广应结合城市人口、气候温度、GDP 等指标作为在当地进行推广的依据，进行综合考量，电动物流车车队规模、电池使用寿命、消费量等作为判断该城市市场规模的主要参考指标。综合各项因素，本节对电动物流车租赁平台的推广方案进行研究。电动物流车租赁平台推广方案如图 5-8 所示。

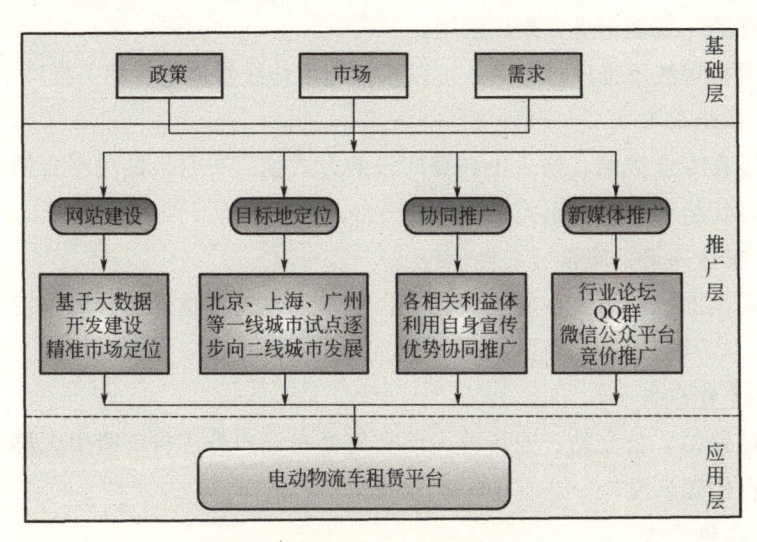

图 5-8 电动物流车租赁平台推广方案

如图 5-8 所示，推广方案以政策、市场和需求为设计基础，依托网站建设、目标地定位、协同推广和新媒体推广四种推广方式进行展开。

1. 基于大数据的网络信息平台建设

通过网站可以对公司的创新模式、企业文化、政府推广政策等进行详细说明，对平台产品与服务进行罗列，让客户切实了解平台的优势。基于大数据建设开发的网站对企业的市场定位起到至关重要的作用，大数据作为现代信息技术发展的产物，使企业能把自身提供的产品和服务利用大数据进行精准营销。

通过大数据技术，可以对平台的界面、功能等不断进行优化，建设一个最符合目标客户使用习惯的网络信息平台。使客户能在短时间内熟悉平台，将吸引到的目标客户保留住，最大限度地拓展自己的客户群。

2. 推广目标地定位

目前，电动物流车租赁平台试点推广目标地锁定在北京、上海、广州等一线城市，在一线城市的试点推广应用可以积累平台相关运营操作经验，对未来全国范围的推广应用具有导向作用。除此之外，在一线城市进行平台的推广还具有风向标的作用，一线城市市场运作成熟以后可以逐步向符合平台推广条件的二线城市进行推广应用。

在目标地线下推广过程中，可以积极利用传统媒体进行相关推广工作。

1）报纸杂志

通过在专业报纸、杂志上刊登广告的方式推广平台，贴出平台的网址、创新性、优势等，吸引相关企业登录平台。

2）宣传画册、海报

利用地面推广方式，将刊载有平台基本信息的宣传画册、海报发放至相关企业。

3）户外广告

在地铁站、公交站、商场等人流密集处布设户外广告，吸引人群关注，提高平台的知名度。

4）车体广告

与公交公司、地铁公司、出租公司等合作，在公交车、地铁、出租车上布设车体广告，提高平台知名度。

5）电视广播

在电视、广播中插播广告，提高平台知名度。

3. 协同推广

电动物流车租赁平台与城市物流企业等其他参与方在平台建设合作基础上可以开展协同推广，协同推广符合各参与方的根本利益，各参与方可以发挥各自在宣传推广方面的优势，各参与方通过优势结合，在不同行业和地域开展协同宣传工作，达到共同推广的目的。

参与协同推广的各方需要有共同利益。平台可以与城市物流企业及其他现有客户进行协同推广，并制定相关奖励措施。例如，给每位客户提供一个独特的验证码，若有新客户通过老客户的推荐，利用该验证码进行了新用户注册并成功完成一单租车活动，则推荐人老客户可获得一定程度的积分或优惠券奖励，用于其之后的租车活动，提升老客户为平台招揽新客户的积极性，做到协同推广。

4. 新媒体推广

基于互联网和智能手机的普及和广泛应用的背景，新媒体宣传推广是当前企业推广的主要手段之一。新媒体推广具有传播范围广、交互性强、针对性明确、灵活、成本低、感官性强等优势。新媒体营销借助于新媒体中的受众广泛且深入的信息发布模式，达到让受众卷入具体的营销活动中的目的。利用新媒体的宣传手段进行平台优势推广，能有效针对目标客户进行宣传推广，通过借助行业论坛、微信公众号、微博、QQ群、竞价式推广等推广手段达到电动物流车租赁平台的推广目标。

如图5-9所示为常用的几种新媒体推广平台，电动物流车租赁平台可以通过在这几大新媒体推广平台投放广告的方式进行宣传。新媒体推广得益于其熟人效应，能使广告传递的信息更加被客户相信，能使客户更认同所宣传的平台，常常能以较小的投入达到意想不到的效果。

图5-9 常用的几种新媒体推广平台

参 考 文 献

[1] 高西，赵一飞. 发展城市绿色物流 [J]. 前线，2013（9）：71-73.

[2] 薛凤旋，郑艳婷，许志桦. 国外城市群发展及其对中国城市群的启示 [J]. 区域经济评论，2014（4）：147-152.

[3] 齐讴歌，赵勇. 城市群功能分工的时序演变与区域差异 [J]. 财经科学，2014（7）：114-121.

[4] 谢泗薪，陈亚蕊. 绿色物流战略模式新探——基于产业需求驱动与高端服务发展视角 [J]. 中国流通经济，2013（2）：34-38.

[5] 刘子利. 京津冀城市群经济重心转移趋势与主要因素探析 [J]. 天津社会科学，2013（2）：90-93.

[6] 鲁继通，祝尔娟. 促进京津冀城市群空间优化与质量提升的战略思考 [J]. 首都经贸大学学报，2014（4）：51-57.

[7] 魏文轩. 低碳经济下煤炭企业绿色物流系统架构研究 [J]. 煤炭技术，2013（3）：12-14.

[8] Allen J, Thome G, Browne M. Good Practice Guide on Urban Freight Transport [R]. BESTUFS, 2007: 5-80.

[9] 高西，赵一飞. 发展城市绿色物流 [J]. 前线，2013（9）：71-73.

[10] 刘海涛. 物联网技术应用 [M]. 北京：机械工业出版社，2011.

[11] 马军. 智慧物流——打造现代化物流平台 [J]. 数字技术与应用，2012（7）：239.

[12] 张福生. 物联网：开启全新生活的智能时代 [M]. 山西：山西人民出版社，2010.

[13] 王建建，刘效磊. 新能源专用车市场发展现状与趋势判断 [J]. 专用汽车，2016（3）：53-56.

[14] 俞宁，郭湘，来华. 纯电动物流车商业运营模式研究 [J]. 汽车与配件，2015（34）：36-39.

[15] 郑哲明. 以新能源车打造城市绿色物流 [J]. 中国物流与采购，2014（22）：44.

第 6 章

城市绿色智慧物流综合效益分析

综合效益通常涵盖经济、政策和社会多个方面，既要讲宏观上的效益，又要讲微观效益；既包括近期效益，又需要考虑远期效益。对于城市绿色智慧物流综合效益的分析更应考虑到经济、社会、生态等各个方面。

对城市绿色智慧物流综合效益的评价，有利于促进人们对绿色智慧物流的全面了解，引起全社会对绿色智慧物流的重视，对促进社会经济可持续发展的意义重大，最终达到个人、企业、社会和环境共同发展的目标。

6.1 总体效果分析

通过城市绿色智慧物流发展策略与经营平台方案的规划，以公益性为出发点和归宿，采用电动物流车租赁模式，开创了用电动汽车来进行城市配送的全新领域。通过将政府的政策、商业模式和投资运营机会作为一个有机整体进行研究，电动物流车租赁模式的发展能够向一些战略投资者提供投资方向，向经营者提供经营机会。电动物流车租赁模式的推广有利于城市绿色智慧物流发展策略与经营平台的建立，构建一个高响应速度的，将投资、货源、信息整合在一起的全新的城市配送物流体系，具体体现在城市配送环节的"两升一降"：车辆的行驶里程会有效地提升，车辆的载货里程将有效提升，车辆的排放会实质性下降。

现针对电动物流车租赁模式特点，对此项目的优势、各参与方利益进行分析，并提出项目的综合效益评价指标体系。

6.1.1 优势分析

城市绿色智慧物流有助于寻求社会经济新增长点，提升资源利用效率，打造产业集群，创造巨大商业价值，最终实现智慧化、绿色化和协同化的总体优势，优势效果分析如图 6-1 所示。

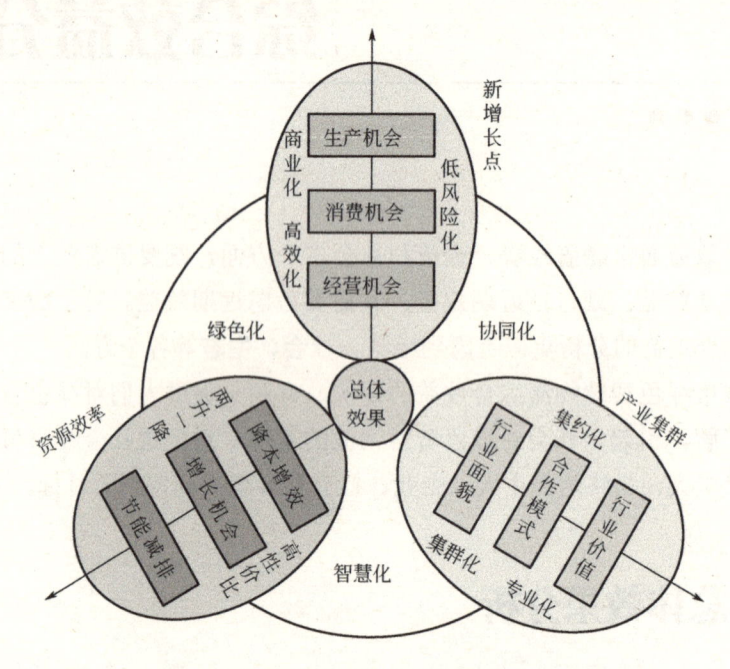

图 6-1 城市绿色智慧物流优势效果分析

1. 有助于寻求社会经济新增长点

城市绿色智慧物流重点在于绿色化和智慧化两方面，通过科技创新，运用高新技术手段和思维，有效地整合与整个物流运作流程相关的产业链，为城市绿色物流提供更多的生产机会、消费机会和经营机会，最终实现商业化、高效化和低风险化的城市绿色智慧物流，并寻找新的经济增长点。

2. 提升资源利用效率

通过资源整合提升物流设施设备资源的利用率，进而降低成本，从根本上实现资源高效利用，实现高性价比的产业模式。在降低能源消耗的同时，提高物流效率，真正实现"节能减排，降本增效"的目标，做到整合创新与提升，创造新的增长机会。

以新能源车为例，从具体数值上举例说明：对普通燃油物流车购车价为 3.5 万元，15 万公里的燃油费约 9 万元、维修费约为 1.5 万元，运营 15 万公里的总成本约为 14 万元；而新能源物流车购车成本为 5 万元、15 万公里的电费约为 2 万元，加上多出的 1.5 万元保险费用，运营成本仅为 8.5 万元，以每天跑 100 公里为例，新能源汽车比普通汽油车节约成本至少 30%。从租赁方式看，一般的新能源汽车日租金为 100 多元，这是该车使用一天的所有费用，而同价位汽车一天的使用费用中还需另加 100 多元的汽油费。所以推广电动物流车租赁平台能够在实现节能减排、降本增效的同时，为电动物流车使用者带来更好的使用体验，使得电动物流车产业实现整合创新与提升，创造新的市场增长机会。

3. 打造产业集群

城市绿色智慧物流在整合产业链的过程中可以实现产业集群，从物流各个环节规范相关产业的行业面貌、合作模式和行业价值，并探索出更加符合中国特色的合作模式，探索出每个环节蕴含的巨大商业价值，最终实现产业的集约化、集群化和专业化。

6.1.2 综合效益评价指标

根据绿色物流综合效益的内涵，可以将城市绿色智慧物流的综合效益分为经济效益、社会效益两大部分。经济效益指标是指降低成本等有助于企业提高市场竞争力的指标；社会效益指标是指在全社会倡导绿色化思想，有助于社会经济可持续发展、保护环境和节约资源的指标。具体综合效益指标体系如图 6-2 所示。

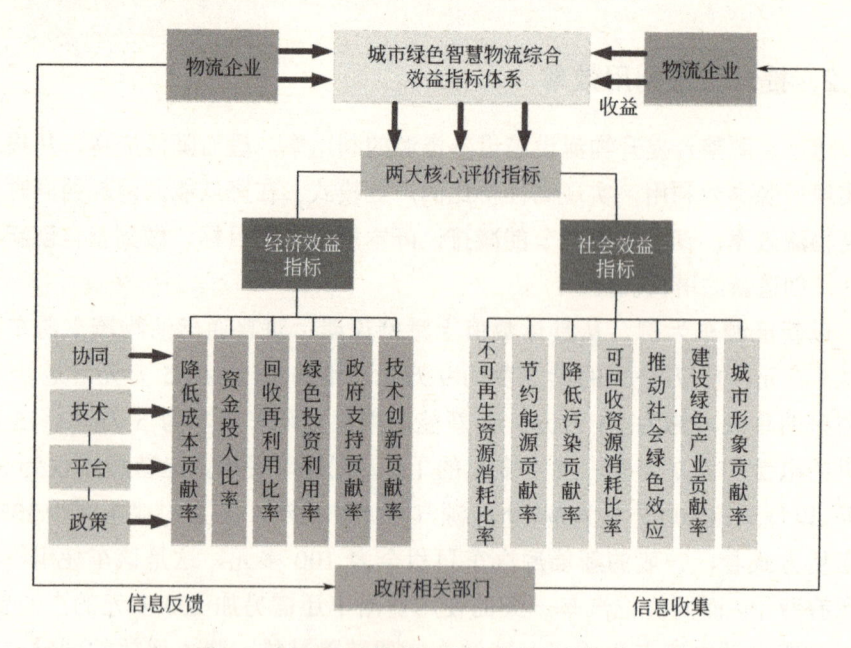

图 6-2 城市绿色智慧物流综合效益指标体系

如图 6-2 所示，城市绿色智慧物流综合效益指标体系中列出的各项指标可作为参考指标，旨在从经济和社会两大角度对城市绿色智慧物流在实际应用过程中的效益进行分析，以便更好地指导应用方向，增加综合效益。在这些影响因素中，考虑到许多指标是定性指标，其优劣程度没有一个明确的界限，现对各指标做出解释如下。

1. 降低成本贡献率

降低成本贡献率是指应用适应于城市绿色智慧物流的新模式后，运营期间因采用新技术比原有运营模式降低的成本在实际降低成本中所占的百分比；也可以理解为每降低一个单位成本，因为新技术而降低的成本所占的比重。它反映城市绿色智慧物流做出贡献的能力，比重越大，贡献能力越大。

2. 资金投入比率

资金投入比率是指在城市绿色智慧物流新模式的应用过程中，投入的资金占不同类别投入资本总额的比率。它反映投入资本的结构状况，比率越高，资金在经济效益中的地位越高。

3．回收再利用比率

回收再利用比率是指在城市绿色智慧物流应用过程中产生的废弃产品中能够被回收利用部分（包括再使用部分、再生利用部分和能量回收）的质量之和与已回收的废弃产品的质量之比。它反映资源使用效率，比率越大，资源使用效率越高。

4．绿色投资利用率

绿色投资利用率是指在城市绿色智慧物流实际持续应用过程中有效增加绿色 GDP 的货币资金投入占所有环境保护投资的比例。它反映在平台保护环境方面投资的效率和成效，比例越高，绿色投资越重要。

5．政府支持贡献率

政府支持贡献率是指由于政府给予的政策等支持所增加的收入占总收入的比例。它反映政府的支持在城市绿色智慧物流应用过程中的地位和成效，比例越大，政府作用越重要。

6．技术创新贡献率

技术创新贡献率是指技术的创新进步对平台盈利增长的贡献份额，是扣除了资本和劳动后的科技因素对收入的贡献份额。它反映在城市绿色智慧物流应用盈利过程中投资、劳动和科技三大要素作用的相对关系，比例越大，技术创新越重要。

7．不可再生资源消耗比率

不可再生资源消耗比率是指城市绿色智慧物流在应用过程中不可再生的资源消耗份额占总资源消耗的比例。它反映了可持续性，比率越低，环保效益越高。

8．节约能源贡献率

节约能源贡献率是指城市绿色智慧物流产生的节约能源效益指标占城市节能指标目标的比例。它反映城市绿色智慧物流的节能效益，贡献率越高，节能效益越好。

9. 降低污染贡献率

降低污染贡献率是指城市绿色智慧物流应用后降低的污染气体等排放占城市总减少排放的百分数。它反映平台的环保效益，贡献率越高，环保效益越好。

10. 可回收资源消耗比率

可回收资源消耗比率是指在城市绿色智慧物流应用过程中可回收的资源消耗份额占总资源消耗的比例。它反映了可持续性，比率越高，可持续性越好。

11. 推动社会绿色效应

推动社会绿色效应是指由于应用城市绿色智慧物流给社会带来的产业的带动、人民绿色观念的增强等程度。它反映的是平台的潜移默化的积极影响，推动程度越高，效益越好。

12. 建设绿色产业贡献率

建设绿色产业贡献率是指城市绿色智慧物流应用中涉及绿色GDP的份额占整个社会绿色产业份额的比重。它反映对社会绿色产业的推动作用，比重越高，重要性越高。

13. 城市形象贡献率

城市形象贡献率是指城市绿色智慧物流的应用给城市配送景观带来的规范化等美化城市环境方面的提高，以及由于城市在新能源产业方面的领先地位而给城市形象带来的良好口碑。它反映了城市绿色智慧物流对良好城市形象的重要性，比率越大，重要性越高。

6.2 经济效益评估

经济效益是指通过商品和劳动的对外交换所取得的社会劳动节约，即以尽量少的劳动消耗费取得尽量多的经营成果，或者以同等的劳动耗费取得更多的经营成果。

经济效益是资本占用、成本支出与有用生产成果之间的比较。所谓经济效益好，就是资金占用少，成本支出少，有用成果多。经济效益的评估也将从投资估算、财务评价、融资方案和产业带动效益四个方面进行。

6.2.1 投资估算

投资估算是指在整个投资决策过程中，依据现有的资料和一定的方法，对建设项目的投资额（包括工程造价和流动资金）进行估计。投资估算的总额是指从筹建、施工直至建成投产的全部建设费用。

城市绿色智慧物流的建设涉及配送、快递、仓储、信息处理和流通加工等多个方面。其中低碳交通、新能源汽车的推广和应用相关的政策在国家出台的相关政策中所占比重较大。本章以某城市的电动物流车租赁平台为例，对投资估算进行细致分析。

1. 投资估算范围

电动物流车租赁平台总体投资范围包括购车全款费用、运营成本费用和一次性投资费用，具体如图6-3所示。

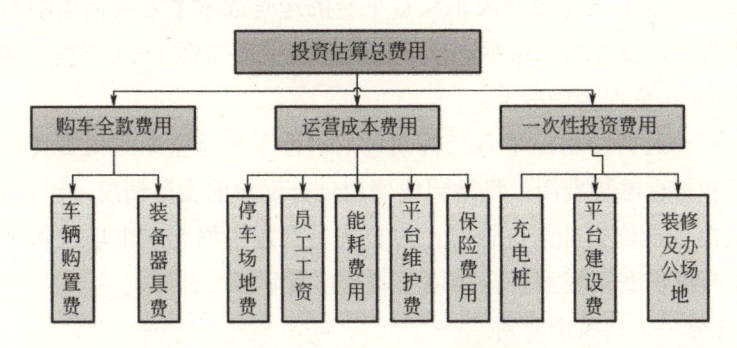

图6-3 电动物流车租赁平台投资估算范围

2. 投资估算编制依据

本平台各项投资额是以市场上综合单价、各装置购买规模估算结果为根据，以下罗列的有关文件、规范及设定条件为参照进行估算的：财政部、国税总局和工信部发布的《关于免征新能源汽车车辆购置税的公告》《机动车交通事故责任强制保险条例》《机动车车辆损失险保险条款》《机动车辆第三者责任保险条款》《车船税管理规程（试行）》公告。

北京市租赁平台第三方运营公司场地费用标准要结合地块的实际情况，以询价为主，结合当地设备现行市场价格类似项目造价估算。

3. 投资估算编制说明

1）车辆购置费

本部分以北京市为例，参照国内类似的运营模式的新能源汽车租赁平台项目指标，并考虑北京市实际物价差异进行调整。车辆购置费用根据新能源汽车生产商报价、国家税务总局发布的《关于车辆购置税征收管理有关问题的公告》和北京装备市场报价进行估算。

2）保险及其他运营费用

（1）保险：纯电动汽车必须要上的三种保险为交强险、损失险、第三者责任险，参照国内《机动车交通事故责任强制保险条例》《机动车车辆损失险保险条款》《机动车辆第三者责任保险条款》对电动汽车的保险收费标准进行计算；其中根据《车船税管理规程（试行）》公告，商业第三者责任险代收了车船费，需要开具证明。

（2）运营成本：电动物流车租赁平台的运营成本主要包括电动车汽车本身的耗电收费，保养成本根据电动车电池种类磷酸铁锂1～3年内无须保养，钛酸锂5～8年免保养的标准。

（3）平台运营费用：平台运营期包括对停车场地仓库的租赁费用、办公人员费用和平台维护费用。场地租赁费用结合地块的实际情况，以询价为主，结合北京市场地价实际情况计算；办公人员费用根据北京市场收入平均水平计算；平台维护费用根据平台规模及北京市实际情况计算。

3）其他一次性投资费用

（1）充电桩：充电桩购置及安装费用按照网络市场报价，结合团购规模水平计算。

（2）平台建设费：平台建设费包括平台开发、平台结构搭建与维护及平台网站建设，按照国内同类型租赁平台网站计价水平，结合开发及广告费用进行计算。

（3）装修及办公用品：装修及办公用品费用根据北京市场行业内一般水平计算。

4. 投资估算明细

本平台规划投资估算分为建设期和运营期两期，建设期包括车辆购置、装备器具、充电桩、平台建设费、装修及办公用品五部分的投资，运营期包括停车场地费、员工工资、能耗费用、平台维护费和保险费用五方面的投资，具体各项明细如表 6-1 所示。

表 6-1 投资估算明细

序号	项目编号	功能区	数量	单价（万元）	期限（年）	总金额（万元）
1	建设期	车辆购置	500	25	1	12500
2		装备器具	500	1	1	500
3		充电桩	100	1	1	100
4		平台建设费	1	1000	1	1000
5		装修及办公用品	1	30	1	30
		合计				14130
6	运营期	停车场地费	1	10	3	30
7		员工工资	30	6	3	540
8		能耗费用	500	0.8	3	1200
9		平台维护费	1	50	3	150
10		保险费用	500	0.9	3	1350
		合计				3270
		合计				17400

如表 6-1 所示，表中各项费用估算细则如下。

1）购车全款费用估算

（1）车辆购置费：换车成本属于开发期成本，电动汽车每台价格在 15 万～40 万元，钛酸锂电动车每台价格在 60 万～80 万元，取平均水平为 50 万元/台，根据政府 1∶1 补贴政策，每台电动物流车购置成本在 25 万元。平台以 500 辆车规模计算，开发期换车成本共计 12500 万元。

（2）装备器具费：装备器具属于开发期成本，购置的电动车装具设备包括 GPS 防盗、贴膜、地胶、脚垫、座套、方向盘锁及公司统一标识等，根据市场价格约为 1 万元/台。平台以 500 辆车规模计算，开发期装具设备共计 500 万元。

2）保险及其他运营费用

（1）保险：电动物流车保险属于每年必须缴纳的运营费用，其中包括机动车交通事故责任强制保险、机动车损失险、商业第三者责任险（代收了车船费）等，根据需要购置不同类型的保险，约每台每年 0.9 万元。平台以 500 辆车规模计算，运营期 3 年，保险花费共计 1350 万元。

（2）运营成本。

① 能耗成本。

平台运营过程电动车耗电为每台百公里 15~25 度，百公里 5.85~27.25 元，按照每年 300 天工作日，每天 150 公里运营里程计算，取平均水平约为每台车每年 8000 元。平台以 500 辆车规模计算，运营期 3 年，耗电花费共计 1200 万元。

② 保养成本。

电动物流车保养成本属于运营期成本，根据电动汽车电池种类的不同，磷酸铁锂 1~3 年内无须保养，钛酸锂 5~8 年免保养，所以在估算的开发期和运营期内，无须缴纳保养费用。

（3）平台运营费用。平台运营费用包括平台总部停车场地费用、工作人员工资费用和平台维护费用。停车场地费用按照 10 万元/年，运营期 3 年计算，共计 30 万元。工作人员工资按照平均水平每人 5000 元/月，平台办公规模按照 30 人，运营期 3 年计算，共计 540 万元。平台维护费按照 50 万元/年，投资 3 年计算，共计 150 万元。

3）一次性投资费用

（1）充电桩：充电桩建设费用属于建设期成本，充电桩部分购买和服务费平均约为 1 万元/个。平台设置充电桩数量按照 100 个计算，开发期共计 100 万元。

（2）平台建设费：平台建设费包括平台开发、平台结构搭建与维护及平台网站建设的费用，根据平台品质水平，结合市场定价，开发建设费用约为 1000 万元。

（3）装修及办公用品：总部办公场所的装修费用约为 20 万元，员工办公用品总支出约为 10 万元，共计约 30 万元。

5．投资估算结果

该项目建设期和运营期的投资分别为 14130 万元、3270 万元，合计总投资为 17400 万元，其中车辆购置费用为 13000 万元，占总值比例的 74.71%；运营成本为 3270 万元，占总费用的 18.79%；一次性投资费用为 1130 万元，占总费用的 6.50%。平台建设投资及费用估算如表 6-2 所示。

表 6-2　平台建设投资及费用估算

序号	费用名称	估算投资额（万元） 建设期	估算投资额（万元） 运营期	估算投资额（万元） 总值	占总值比例
一	购车全款	13000		13000	74.71%
	车辆购置费	12500		12500	
	装备器具费	500		500	
二	运营成本		3270	3270	18.79%
	停车场地费		30	30	
	员工工资		540	540	
	能耗费用		1200	1200	
	平台维护费		150	150	
	保险费用		1350	1350	
三	一次性投资	1130		3190	6.5%
	充电桩	100		100	
	网站建设	1000		1000	
	装修及办公场地	30		30	
	总共合计			17400	100.00%

根据平台建设项目时序设计，建设期投资安排如下：2016 年一年主要进

行平台的开发建设，完成平台电动物流车的购置、充电桩的购买与安装、装具设备安装、购买保险、办公区建设和平台开发建设等，合计投资 14130 万元；2017—2019 年为平台运营期，每年投资比例相同，每年投资 1090 万元，3 年共计 3270 万元。

6.2.2 财务评价

企业的财务评价是从分析企业的财务风险入手，评价企业面临的资金风险、经营风险、市场风险、投资风险等因素，从而对企业风险进行信号监测、评价，根据其形成原因及过程，制定相应切实可行的长短风险控制策略，降低甚至解除风险，使企业健康、永恒地发展。

财务评价是从企业角度出发，使用市场价格，根据国家现行财税制度和现行价格体系，分析计算项目直接发生的财务效益和费用，编制财务报表，计算财务评价指标，考察项目的盈利能力、清偿能力和外汇平衡等财务状况，借以判别项目的财务可行性。

同样以电动车租赁平台为例，基于对平台建设投资估算的分析，结合北京市实际市场情况，本节在阐述财务评价依据和编制说明的基础上，从经营成本、营业收入与营业税金及附加、损益和利润分配、盈利分析等方面进行分析。

1. 财务评价依据

（1）国家发展改革委颁布的《建设项目经济评价方法与参数》（第三版），2006；

（2）《投资项目可行性研究指南》计办投资〔2002〕15 号文件；

（3）《企业财务通则》和《企业会计准则》；

（4）本项目建设方案及规模的投资估算各项费用组成；

（5）市场调研用户使用意愿与接收程度等基础资料；

（6）投资主体提供的有关当地的税收、人工薪酬水平等基础资料；

（7）其他相关规定及有关资料。

2. 财务评价编制说明

（1）电动车租赁平台财务评价期按照运营 10 年计算，一期建设期和二期初期运营期累计4年，从2016年到2019年；正式运营期为7年，从2020年到2026年。由于开发期平台建设完后便可以投产经营，实际经营为10年。

（2）结合本平台项目的阶段性目标规划，项目开发期投资建设完成后，开始从2017年投入经营，当年按达到整个项目经营能力负荷的50%计算，2018—2019年每年的经营负荷为：60%、70%；到2022年达产100%，以后每年达产100%。

（3）平台所有的经营收益与支出水平参照类似租赁平台的经营状况确定。

3. 经营成本构成

1）原材料动力消耗

由于本平台项目主要提供电动车租赁服务，因此项目直接成本中不涉及生产用的原材料消耗费用，但应包括辅助材料与电能的费用。根据平台实际需要核算，每年各种运营水平的需求量，其价格以北京市当地实际价格为基础。由投资估算可知，原材料动力消耗部分合计400万元/年。

2）员工工资及福利

根据平台工作区的运营方式及对未来运营模式的实际考虑，平台工作区定员30人，其中管理人员5人，业务操作人员25人。按平均工资5000元/人·月计算工资及福利，年工资福利总额为180万元；职工奖金及养老保险按工资总额20%计算，为36万元/年。本平台职工工资及福利合计216万元/年。

3）其他管理费用

平台的其他管理费用包括保险、停车场地租赁费、工会经费等费用，根据投资预算中保险及停车场地的估计费用为510万元/年，公会经费等其他平台管理维护费用约占这两项的1%，约为5万元，则平台其他管理费用共计515万元/年。

4）项目总成本费用

本平台正常运营时总成本费用为1131万元/年，可变成本为400万元/年；固定成本为731万元/年。

4. 营业收入与营业税金及附加

1）营业收入估算

本平台经营负荷达产100%后，即到2022年，平台将会全面提供租赁服务、运输服务、配送服务、增值服务和信息服务等。结合平台未来在城市配送市场的规模发展以及类似平台的收费标准,按每年标准估算,根据调研情况可知用户可接受每辆车租金不超过 300 元/天,由上述估算情况可知,营业收入合计 5400 万元,考虑到平台在经营时可能产生某些潜在收入,包括广告费和集体承包租车等服务项目在内,估算该项收入占营业收入的 20%~25%,即 1080 万~1350 万元,因此电动物流车租赁平台在经营达产 100%时,每年产生的营业收入达 6480 万~6750 万元,考虑潜在收入的不稳定性,按照每年 6600 万元的营业收入估算。

2) 经营税金估算

项目经营应缴纳营业税,按税金为经营收入的 5%计算,此外还应按营业税额的 7%缴纳城市建设税、按营业税额的 3%缴纳教育附加费、按营业税额的 2%缴纳地方教育附加、按营业税额的 1%缴纳地方水利基金。年营业税金及附加合计为 372.9 万元。

5. 损益和利润分配

结合上述投资估算结果、成本费用及营业收入等核算,利用财务指标公式得出如下损益和利率分配指标。

(1) 利润总额:5096.1 万元/年。
(2) 所得税:1274.0 万元/年(按企业所得税率 25%估算)。
(3) 税后净利润:3822.1 万元/年。
(4) 项目总投资收益率:29.3%。
(5) 项目总投资净利润率:22.0%。

6. 盈利能力分析

该平台所在行业的融资前税前基准投资收益率为 8%,根据现金流量数据,利用相关的计算公式(计算期为 11 年,其中建设期 1 年,正式运营期 10 年),计算各评价指标结果如下。

1) 税前各评价指标结果

(1) 静态投资回收期:5.5 年。
(2) 净现值:8674.3 万元。
(3) 内部收益率:18.2%。

2）税后各评价指标结果

（1）静态投资回收期：7.4 年。

（2）净现值：2296.6 万元。

（3）内部收益率：10.9%。

7. 总体评价

汇总上述各项财务指标核算结果，如表 6-3 所示。按财务分析结果，本平台项目静态投资回收期小于项目所在行业的基准投资回收期，净现值大于零，内部收益率大于项目所在行业的融资前税前基准收益率，因此，本平台项目的财务评价结果是可行的。

表 6-3 财务评价汇总

序号	项目	单位	财务评价指标
1	投资总额	万元	17400
2	建设期	年	1
3	营业期	年	10
4	正常运营年份	年	2022
5	年营业收入	万元	6600
6	年营业税金及附加	万元	372.9
7	年总成本费用	万元	1131
8	年利润总额	万元	5096.1
9	年所得税	万元	1274
10	税后年净利润	万元	3822.1
11	静态投资回收期	年	7.4（含建设期）
12	净现值	万元	2296.6
13	内部收益率	%	10.9%
14	税前静态投资回收期	年	5.5（含建设期）
15	税前净现值	万元	8674.3
16	税前内部收益率	%	18.2%

6.2.3 融资方案

根据《新帕尔格雷夫经济学大辞典》中对融资的理解，融资是指为支付超过现金的购货款而采取的货币交易手段，或为取得资产而集资所采取的货币手段，主要包括 BOT 模式、BT 模式、TOT 模式、TBT 模式和 PPP 模式五种融资模式。

1. 融资模式

1）BOT 模式

BOT（Build-Operate-Transfer）即建造—运营—移交方式。在这种模式下，首先由项目发起人通过投标从委托人手中获取对某个项目的特许权，随后组成项目公司并负责进行项目的融资，组织项目的建设，管理项目的运营，在特许期内通过对项目的开发运营以及当地政府给予的其他优惠来回收资金以还贷，并取得合理的利润。特许期结束后，应将项目无偿地移交给政府。在 BOT 模式下，投资者一般要求政府保证其最低收益率，一旦在特许期内无法达到该标准，政府应给予特别补偿。该模式最大的特点是将基础设施的经营权有期限的抵押以获得项目融资，或者说是基础设施国有项目民营化（见图 6-4）。

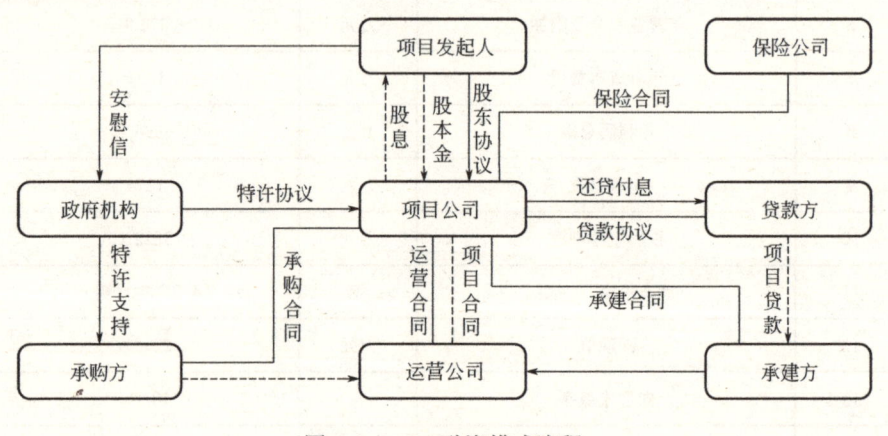

图 6-4 BOT 融资模式流程

2）BT 模式

BT（Build Transfer）即建设—移交方式。该模式是基础设施项目建设领域中采用的一种投资建设模式,是指根据项目发起人通过与投资者签订合同,由投资者负责项目的融资、建设,并在规定时限内将竣工后的项目移交项目发起人,项目发起人根据事先签订的回购协议分期向投资者支付项目总投资及确定的回报(见图6-5)。

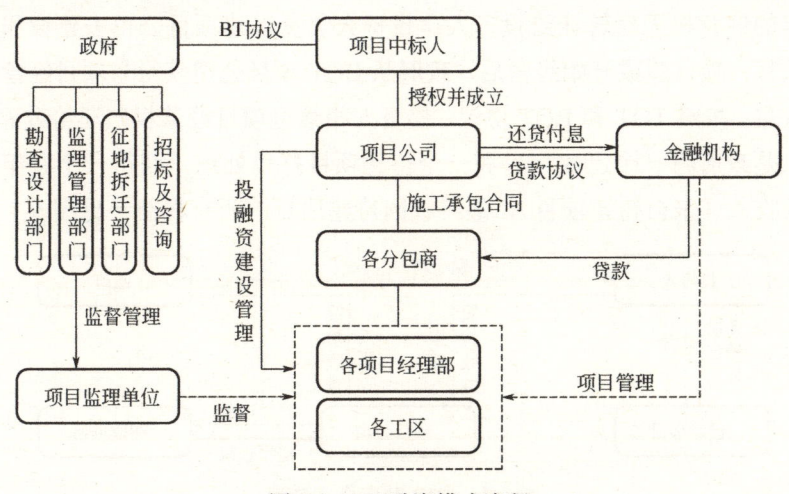

图6-5 BT融资模式流程

3) TOT 模式

TOT(Transfer-Operate-Transfer)即转让—经营—转让模式。该模式是一种通过出售现有资产以获得增量资金进行新建项目融资的一种新型融资方式。在这种模式下,首先私营企业用私人资本或资金购买某项资产的全部或部分产权或经营权,然后,购买者对项目进行开发和建设,在约定的时间内通过对项目经营收回全部投资并取得合理的回报,特许期结束后,将所得到的产权或经营权无偿移交给原所有人(见图6-6)。

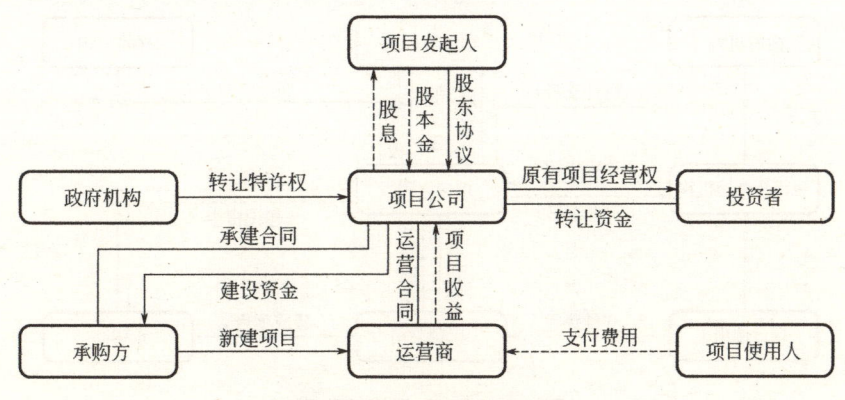

图6-6 TOT融资模式流程

4) TBT 模式

TBT 模式就是将 TOT 与 BOT 融资方式组合起来，以 BOT 为主的一种融资模式。在 TBT 模式中，TOT 的实施是辅助性的，采用它主要是为了促成 BOT。TBT 的实施过程如下：政府通过招标将已经运营一段时间的项目和未来若干年的经营权无偿转让给投资人；投资人负责组建项目公司去建设和经营待建项目；项目建成开始经营后，政府从 BOT 项目公司获得与项目经营权等值的收益；按照 TOT 和 BOT 协议，投资人相继将项目经营权归还给政府。实质上，是政府将一个已建项目和一个待建项目打包处理，获得一个逐年增加的协议收入（来自待建项目），最终收回待建项目的所有权益（见图 6-7）。

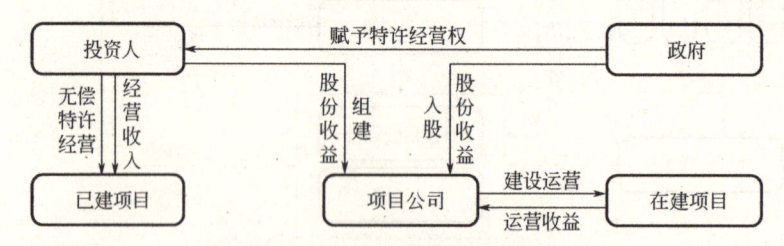

图 6-7 TBT 融资模式流程

5) PPP 模式

一般而言，PPP（Public-Private-Partnerships）融资模式主要应用于基础设施等公共项目。首先，政府针对具体项目特许新建一家项目公司，并对其提供扶持措施，然后，项目公司负责进行项目的融资和建设，融资来源包括项目资本金和贷款；项目建成后，由政府特许企业进行项目的开发和运营，而贷款人除了可以获得项目经营的直接收益外，还可获得通过政府扶持所转化的效益（见图 6-8）。

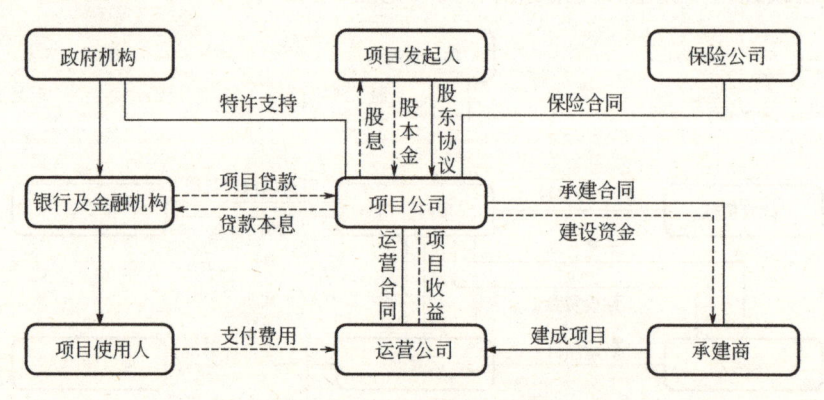

图 6-8 PPP 融资模式流程

电动物流车租赁平台项目的融资方案需要充分调查其运行和投融资环境基础，在综合政府、投资方、融资方的意见后，不断修改完善得出最终可行的融资方案，做到保证公平性、融资效率、风险可接受、可行的融资方案。

同时，要创新融资模式，逐步拓宽融资渠道。在依法合规、风险可控的前提下，采用直接融资和间接融资相结合、正规金融和民间金融相结合的融资模式。加强与银行业机构、地方政府、证券业机构、保险业机构等的合作。结合租赁平台第三方运营公司不同发展阶段的特点，量身打造最为适合的综合性融资方案。

（1）自有资金：良好的业绩表现使得企业发展在资金上有了足够的保障，自身的利润能够支撑日常经营性运转，是租赁平台融资的主要方式。

（2）双平台融资：充分发挥租赁平台的融资平台作用，通过增发新股、配股、发行可转换债券、企业债券、股权证等方式，在证券市场进行融资。

（3）项目融资：以项目为支撑资源，通过增发股票、引进战略合作者、在项目地进行银行贷款等方式进行融资。

（4）产业融资：加快财务融资向产业融资转型，结合绿色物流、清洁能源、节能环保等朝阳产业进行产业融资，利用自身优势提升产业融资的水平和深度。

2. 融资风险分析

融资风险分析是指对可能影响融资方案的风险因素进行识别和预测，是项目风险分析中非常重要的组成部分，并与项目其他方面的风险分析紧密相关。其基本步骤包括识别融资风险因素、估计融资风险程度、提出融资风险对策；其主要内容包括资金运用风险、项目控制风险、资金供应风险、资金追加风险、利率及汇率风险等。

1）资金风险

资金运用风险主要是项目运用所筹资金投资失败所带来的风险。项目投资的失败和融资活动有关，但不一定就是融资活动导致的。项目投资活动的很多方面都可能导致投资失败。投资失败产生的损失往往可以利用融资活动，全部或部分地转移给资金提供者即出资人。

2）项目风险

融资带来的项目控制风险主要表现在经过融资活动后，筹资人很可能会失去对项目的某些控制权（项目的收益权、管理权、经营权等）。采用涉及项目控制权的资本金融资方式，在获得资金的同时，筹资人会相应地失去一定的项目控制权和项目的部分预期收益。

不同方面的融资风险和风险对策之间存在相互关联性，筹资人需要综合权衡以定取舍。如果未来投资的风险很大，筹资人就可以较多地运用股权融资等方式筹措资金，转移风险；如果未来投资的风险较小，筹资人就应尽量使用不涉及项目控制权的融资方式。

3）供应风险

资金供应风险是指融资方案在实施过程中，出现资金不到位，导致建设工期拖长，工程造价高，原定投资效益目标难以实现的风险。可能出现资金供应风险的情况有：已承诺出资的投资者中途变故，不能兑现承诺；原定发行股票、债券计划不能落实；既有法人融资项目由于经营状况恶化，无力按原定计划出资；其他资金不能按建设进度足额及时到位的情况。

预定的投资人或贷款人没有实现预定计划或承诺使融资计划失败，是产生资金供应风险的主要原因。为了避免上述情况出现，在项目融资方案的设计中应当对预定的出资人出资能力进行调查分析。影响出资人出资能力变化的因素有：

（1）出资人自身的经营风险和财务能力；

（2）出资人公司的经营和投资策略的变化；

（3）出资人所在国家的法律、政策、经济环境的变化；

（4）世界经济状况、金融市场行情的变化。

4）资金追加风险

项目的资金追加风险是指项目实施过程中会出现许多变化，包括设计变更、技术变更甚至失败、市场变化、某些预定的出资人变更、投资超支等，导致项目的融资方案变更，因此项目需要具备足够的追加资金能力。

为规避这方面的风险，一方面，要加强项目前期的分析论证及科学合理的规划，加强对项目实施过程的管理和监控；另一方面，项目需要具备足够的再融资能力。再融资能力体现为出现融资缺口时应有及时取得补充融资的计划及能力。通常可以通过下列三种方式提高项目的再融资能力：

（1）融资方案设计中应考虑备用融资方案；

（2）融资方案设计中考虑在项目实施过程中追加取得新的融资渠道和融资方式；

（3）项目的融资计划与投资支出计划应当平衡，必要时留有一定富余量。

5）利率及汇率风险

（1）利率风险。利率风险是指因市场利率变动而给项目融资带来一定损失的风险，主要表现在市场利率的非预期性波动而给项目资金成本所带来的影响。银行根据贷款利率是否随市场利率变动，可分为浮动利率和固定利率。

浮动利率贷款项目资金成本随未来利率变动，当利率上升时，项目资本成本增大，从而给借款较多的项目造成较大困难，表现在项目融资风险中主要是利率变动后引起项目债务利息负担增加而造成的损失。固定利率下，若未来市场利率下降，项目资金成本不能相应下降，相对资金成本将变高。因此，无论选用浮动利率还是固定利率，都存在利率风险。利率的选取应从更有利于降低项目总体风险的角度来考虑。

（2）汇率风险。汇率风险是指项目因汇率变动而遭受损失或预期收益难以实现的可能性。项目使用某种外汇借款，未来汇率的变动将使项目的资金成本发生变动，从而产生汇率风险。为了防范汇率风险，对于未来有外汇收入的项目，可以根据项目未来的收入币种选择借款外汇和还款外汇币种，也可以采用汇率封顶和货币利率转换的方法降低汇率风险。

在电动车物流租赁平台中，除了需要考量对车辆基础设施、电池等问题的接受程度外，电动物流车租赁模式发展尚存如下风险。

（1）融资租赁模式单一、资金缺口大。现存电动物流车融资租赁模式主要采用直接租赁或者采用银行信贷方式，在尚未解决车辆续驶里程问题的前提下，对融资租赁模式的推广形成了制约。对于融资租赁企业而言，发展企业用户是我国目前的主流模式，与银行信贷和股市相比，融资租赁业尚不成体系，若不能有效地建立金融与实业间的密切联系，让银行资金资源为社会所用，我国的融资租赁业仍将面临窘境。

（2）银行金融产品门槛较高，制约了融资租赁模式的推广。银行对新能源汽车的按揭贷款受政策影响较大，银行授信额度稳定性不高，且金融产品灵活性不强，依赖银行等其他金融机构开展融资租赁服务难以满足新能源汽车生产商的发展需要。

（3）新能源汽车产业采用融资租赁模式的税收支持政策有待完善。现行政策存在对新能源汽车产业企业所得税减免的缺失，由于增值税的缴纳导致新能源汽车产业终端用户的消费价格过高，新能源汽车产业内企业难以满足财政专项拨款的不征税收入条件。

（4）租赁物稳定性差，导致投资者对采用融资租赁模式的信心不足。新能源汽车的畅行需解决车辆的日常维护、动力电池维修保养、充电站的不间断作业等问题。而作为长期运行的公共服务领域的车辆及其配套的基础设施，同其他专业领域设备一样存在逐年折旧损耗的问题，因此除了在投资建设阶段耗费大量人力、财力，期间的稳定性运行也需要投入较大的成本。

6.2.4 产业带动效益

本书的案例中，采用电动物流车租赁模式后，必将带动新能源汽车产业的兴起，新能源汽车产业发展将会影响到我国关键的装备产业、汽车产业以及物流产业。尤其是装备装备产业中基础机械及电子基础件占了整台电动车成本 6 成以上比重，会成为厂商进入电动车行业领域的发展重点，如图 6-9 所示。

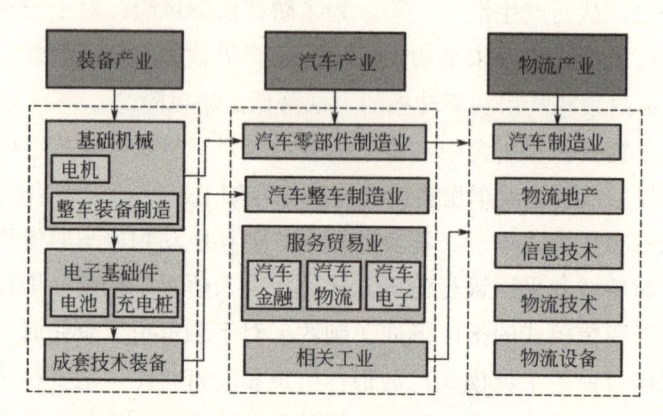

图 6-9 电动物流车相关产业发展

如图 6-9 所示，由上述新能源汽车的构造，结合电动物流车应用于物流行业的租赁模式，进一步带出与此有关的产业，则大致可分为三类，分别为装备产业、汽车产业与物流产业。而从关键领域占新能源汽车价格的比重来看，电子基础件比重占 33%~50%、基础机械包括动力系统占 17%~25%。电动物流车主要构造可区分为两大系统：一为"能源供应"系统，包含单体电池、电池组、充电器与电池管理体系；二为"电动动力"系统，包含马达驱动器、马达与减速传动机构等。

由此可见，电动物流车租赁平台的应用，不仅可以带动汽车装备产业的大力发展，亦给投资商带来了商机，推导新能源汽车装备及技术上、中、下游的垂直整合与提升，在大幅提高国家能源效率的同时，借助我国在信息产业上的优势，将两个产业软实力、硬技术整合发展新能源电动车关键模组。通过把上中下游产业链串在一起，联合整机厂、底盘厂、马达厂、驱动器厂、电池厂及材料厂等，结合汽车产业贸易发展物流产业，带动产业链一起发展。

6.3 社会效益评估

社会效益是指最大限度地利用有限的资源满足社会上人们日益增长的物质文化需求，同时社会效益的实现需要全社会人的行动自由在必要的公共利益范围内才得以发挥或者被限制，因此社会效益往往在一段比较长的时间后才能发挥出来。

项目社会效益评估是以国家各项社会政策为基础，对项目实现国家和地方社会发展目标所做贡献和产生的影响及其与社会相互适应性所做的系统分析评估。

1. 评估内容

社会效益评估内容通常包括对社会环境的影响指标、对自然与生态环境的影响指标、对自然资源的影响指标和对社会经济的影响指标。

2. 评估方法

1）确定评估的基准线调查法

基准线是指对拟建项目开工前的社会经济状况及其在项目计算期内对可能变化的情况加以预测调查、估计和确定。核实项目实施前预期的目的、投资、效益和风险，查清项目拟建地区的人文、自然资源和社会环境状况，预测有无项目时对项目所在地可能带来的效益和影响。

2）对比分析法

对比分析法是指对有项目情况和无项目情况的社会影响进行对比分析。有项目情况减去同一时刻的无项目情况，就是由项目建设引起的社会影响。

3）逻辑框架分析法

逻辑框架分析法是由美国国际开发署（USAID）在1970年开发并使用的一种设计、计划和评价的方法。目前有2/3的国际组织把它作为援助项目的计划、管理和评价方法。

这种方法从确定待解决的核心问题入手，向上逐级展开，得到其影响及后果，向下逐层推演找出其引起的原因，得到所谓的"问题树"。将问题树进行转换，即将问题树描述的因果关系转换为相应的手段—目标关系，得到所谓的目标树。目标树得到之后，进一步的工作要通过"规划矩阵"来完成。

4）综合分析评估法

分析项目的社会可行性时通常要考虑项目的多个社会因素及目标的实现程度。对这种多个目标的评价决策问题，通常选用多目标决策科学方法，如德尔菲法、矩阵分析法、层次分析法、模糊综合评价法、数据包络分析法等。

社会评价综合分析结论不能单独应用，必须与项目社会适应性分析结合起来考虑。进行项目与社区的互适性分析，研究如何采取措施使项目与社会相互适应，以取得较好的投资效果。所以，综合分析评价得出项目社会评价的总分后，在方案比较中，除了要看总分高低，还要看各方案措施实施的难易和所需费用的高低及风险的大小情况，才能得出各方案社会可行性的优劣。

3. 评估特点

1）注重宏观性和长远性

项目的社会评估一般要求从社会的宏观角度来考察项目的存在给社会带来的贡献和影响，项目所需实现的社会发展目标一般是根据国家的宏观经济与社会发展需要制定的。因而项目社会评估是对投资项目社会效益的全面分析评估，它不仅包括社会的经济效益，与经济活动有关的宏观社会效益、环境生态效益等，还包括更广泛的属于纯粹社会效果的非经济社会效益。而且有些社会发展目标所体现的社会效益与影响具有相当的长远性，如项目对居民健康、寿命的影响，对生态与自然环境的影响，对居民文化生活、人口素质的影响等。

2）外部效益的多角度和定量分析难度大

项目社会评估所涉及的间接效益和外部效益通常较多，如产品质量和生活质量的提高，人民物质、文化水平和教育水平的提高，自然环境与生态环境的改善，社会稳定与国防安全等。尤其是农业、水利和交通运输项目等基础设施和公益性项目的社会评估，主要表现在项目外的间接与相关效益上，而且这些效益大多是难以定量描述的无形效益，没有市价可以衡量，如对文化、社会秩序、人的素质、休闲等的影响，通常只可以进行文字描述，做定性分析,而很难实现量化。

3)多目标性与行业特征明显

项目社会评估要涉及社会生活各个领域的发展目标,因此具有多目标分析的特点。要分析多种社会效益与影响,故一般采用多目标综合评估的方法来考察项目的整体效益,做出项目在社会可行性方面的判断。由于各行业不同性质的投资项目社会效益的多样性,且各行业项目的特点不同,反映社会效益指标的差异也很大。因此,社会评估指标的行业特征较强,一般各行业能通用的指标较少,而专业性的指标较多;定性分析所涉及的范围和指标差别也很大。因此,各行业项目的社会评估指标设置要注意通用与专用相结合,更应突出行业特点。

4. 评估作用

项目社会效益评估可以促进在投资决策中全面衡量项目的财务,经济和社会效益,减轻项目对社会的不利影响,防止社会风险,促使项目与社会相互适应和协调发展,达到项目的持续发展和充分发挥投资效益,提高项目成功率,增进国民经济整体效益和社会发展目标与社会政策的顺利实现。

本节以电动物流车平台为例,对环境效益、应用效益和总体社会效益效果三方面进行分析。

6.3.1 环境效益

环境效益是对人类社会活动的环境后果的衡量。由于人类的生活和生产活动必然会引起环境发生各种各样的变化,这些变化对人类的继续生存和社会的持续发展的反作用是不相同的,因此人类需要从自然、经济、人文等多种角度对人类活动可能导致的环境变化进行综合评估和衡量。

环境效益有正效益、直接效益和间接效益之分。其货币计量值可按环境保护措施实行前后环境不利影响指标或环境状况指标的差值来算,并将其值纳入社会经济发展指标体系之中。

1. 环保效益

环保效益是指污染预防及避免浪费会带来财务上的好处;另有一种精确

的定义是：借由结合环境绩效及经济绩效的改善，来表达企业身处于永续发展的挑战之中，仍能掌握商机与优势，并获取利润。

案例中，采用电动物流车租赁模式，使用电动物流车可以减少温室气体二氧化碳（CO_2）及一氧化碳（CO）、氮氧化物（NO_x）和碳氢化合物（HC）等排放方面所产生的效益。电动物流车能够降低 PM2.5 数值，从而降低市民疾病隐患，构建绿色物流和健康物流。

1）常规污染物减排效益

根据 2015 年环境统计年报，全国机动车四项污染物排放总量为 4533 万吨，相比 2014 年减少 0.3%。其中，一氧化碳（CO）3462.1 万吨，碳氢化合物（HC）429.4 万吨，氮氧化物（NO_x）585.9 万吨，颗粒物（PM）55.6 万吨。机动车污染物排放量最大的是汽车，其一氧化碳（CO）、碳氢化合物（HC）、氮氧化物（NO_x）和颗粒物（PM）排放量分别占机动车总排放量的 86.9%、83.3%、91.7%、95.8%。与传统燃料汽车相比，电动物流车的尾气中没有硫、氮化合物，有利于保证环境的可持续发展。

2）CO_2 排放效益

传统内燃机汽车尾气的排放中包含大量 CO_2 是造成目前全球气候变暖的主要原因。根据美国环境环保署的报告显示，人类 CO_2 排放总量的 17%来自汽车所排放的尾气。因此，降低 CO_2 排放量的重点在于减少汽车尾气的排放。电动物流车本身不排放 CO_2 等污染物，只消耗电能，在获取电能过程中会产生 CO_2，但对发电站所存在间接碳排放的治理难度低于汽车这种流动碳源。电能来源不同的各种电动汽车 CO_2 排放量比较如图 6-10 所示。

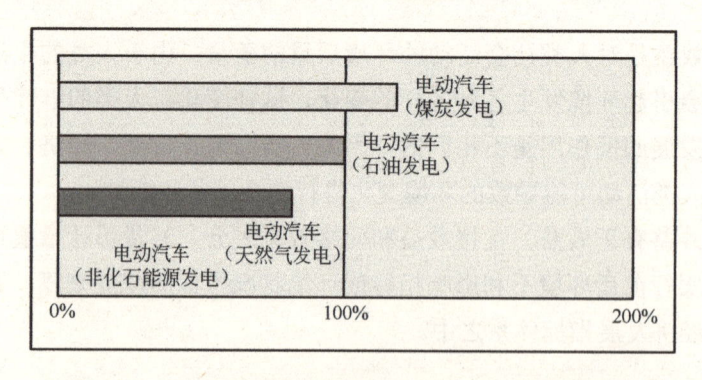

图 6-10　电能来源不同的各种电动汽车 CO_2 排放量比较

采用电动物流车租赁模式推广电动物流车的优势包括能量转化效率

高、环境友好等。理论上，燃料电池汽车可达到 80%的能量转换率，但目前实际只达到 50%~60%的能量转换率，比传统内燃机高出 1 倍多，其耗能和 CO_2 排放状况取决于氢气在制取时的耗能情况。但近年来，高效环保的新型电池和储能系统的开发创新将大大降低电动汽车的排放并提高续航里程。

2. 能源效益

本书的案例中，传统燃油汽车对石油的依赖较大，发展新能源汽车能充分利用其生产的能源效益，保证能源安全。电动物流车所带来的能源效益包括石油的替代效益及节能效益两方面。

1）石油的替代效益

根据国务院发展研究中心发布的数据，到 2020 年我国机动车需要消耗 2.56 亿吨石油，在当年全国石油总需求中所占的比例为 57%。但是，如果发展电动物流车则可以有助于绕开石油资源（电动物流车的动力供给主要来源于蓄电池和氢气），实现汽车工业的可持续发展。

通过电动物流车租赁模式推广电动汽车的使用，可以通过转换能源的方式，寻找更环保、费用更低的新能源替代传统的汽油、柴油等能源，因此电动物流车租赁模式的运营不仅有助于降低汽车对石油的依赖，帮助汽车工业尽早摆脱石油资源的束缚，从而走上可持续发展道路，且可以缓解能源紧张，有效遏制石油大量消耗带来的能源危机。

2）节能效益

采用电动物流车租赁模式，以电动物流车代替传统物流车，其排放应从三个方面加以考虑，即车辆制造、电力生产传输和车辆使用。相比燃油汽车，电动汽车在使用过程实现了"零排放"，这有益于缓解城市的 PM2.5 等大气污染问题。电动物流车的使用环节实现了零排放，主要排放来源于电力生产环节，而传统燃油汽车的排放主要来自汽车尾气，约占总排放的 65%，制造过程、燃料开采过程和维护回收过程的排放比分别为 16%、17%和 2%。此外，在能源利用效率方面，电动物流车能源利用效率（11.776%~5.92%）优于传统汽车能源利用效率（10.01%），如表 6-4 所示。因此，发展电动物流车有利于更好地利用可再生能源和清洁能源，并平衡多种能源资源之间的使用结构。

表 6-4 电动汽车与传统汽车两种能量路径的总体能源效率

电动汽车"煤—电—电动机"	能量路径	传统汽车 "石油—汽/柴油—发动机"	能量路径
煤燃烧发电效率	40%左右	石油炼成汽/柴油	55%
电的传输	70%~90%	—	
电池充放电	60%~80%	发动机提供动力	18.2%
电机提供动力	70%~90%		
"煤—电—电动机"路径总体效率	11.76%~25.92%	"石油—气/柴油—发动机"路径	10.01%

6.3.2 应用效益

1. 行驶里程和载货里程提高

据统计，2015 年前三季度，国内快递业务量为 137 亿件，平均每天有 5 亿多件业务量。如果全部用三轮车配送，平均载货 100 件来计算，那么需要 500 万辆才能满足需求。如果全部是微型面包车配送，平均载货 200 件计算，那么快递公司也需要配备 250 万台车辆才能满足需求。近期，国家发改委发布了《电动汽车充电基础设施发展指南（2015—2020 年）》，明确提出到 2020 年，全国将新增集中式充换电站 1.2 万座，分散式充电桩 480 万个，以满足全国 500 万辆电动汽车充电需求。截至 2014 年年底，全国共建成充换电站 780 座，交直流充电桩 3.1 万个，为超过 12 万辆电动汽车提供充换电服务。

电动物流车租赁平台服务面向的城市短途配送，运营特点主要为配送车辆每天运行 40~80 公里，平均 4~8 个频次，追求方便、有效的充电、补电能力，要求高运送效率，尽量提高满载率，需要获得城市通行资格，具备统一监控管理条件。而使用电动物流车能够使续航能力和载货能力都得到提高，若有相应的政策支持，会达到良好的应用效益。电动物流车与传统物流车能力对比如表 6-5 所示。

表 6-5 电动物流车与传统物流车能力对比

项 目	传统物流车 （如 0.6t）	新能源物流车 （如 0.6t）	发展策略
续航能力	不受时间限制	偏好定点，定时线路，需要预设充电时间（70km）	锁定
载货能力	对重量无限制	偏好轻型，常规产品	新能源车 锁定适合物流产品
政策限制	在部分城市 受路权限制	获得路权开放 及环保偏好	开放路权和牌照
其他效应	环境污染	新能源概念， 广告，环保	未来的碳排放交易

2. 使用安全便捷

采用电动物流车租赁平台，一方面保证电动物流车本身及其设备的使用安全，通过统一管理保障充电设备、充电过程和车辆的安全性；另一方面保证快递物流企业和使用者的使用便捷，通过统一的标准和规定保证充电操作、刷卡消费和客服呼叫便捷。

6.3.3 总体社会效益分析

根据物流项目效益评估的一般内容，分析城市绿色智慧物流各种商业模式带来的社会影响、互适性和社会风险，从运输效率、社会绿色效应、生态保护等方面进行社会效益评估。

1. 提高运输资源效率

随着城市绿色智慧物流各项目的推广，可以开启智慧型的城市管理与规划模式，对城市配送车辆进行标准化并提供智慧服务追踪，使整个配送系统形成统一高效的网络。

2. 推动社会绿色效应

城市绿色智慧物流完全符合可持续发展战略的思想，有利于推动社会绿色效应，带动相关绿色产业，对公共环保设施建设做出了贡献，同时通过对绿色物流人才的培养，增强城市竞争力和责任感，大大提升了城市形象的贡献率。

3. 构建舒适便捷运输环境

城市绿色智慧物流从规划设计到方案落实，再到运营管理，全面贯彻以人为本的思想，实现各方可持续收益的需求。先进的技术支持和优化的管理思想，降低事故发生率，有利于提升居民生活品质，促进城市和谐发展，提高社会文明程度。

4. 打造生态城市

城市绿色智慧物流项目通过运输资源的高效利用，实现交通能耗的节约和减排成本的最小化，优化交通运输能源结构，有利于建立资源节约型、环境友好型社会，建设一个良性的可持续的能源生态体系，为推动生态城市建设贡献力量。

参 考 文 献

[1] 袁治平，孙丰文，付荣华. 我国城市绿色交通物流系统的构建及解析 [J]. 生态经济，2007（1）：35-38.

[2] 张晓旭，冯宗宪. 中国人均 GDP 的空间相关与地区收敛 [J]. 经济学（季刊），2008，7（2）：399-414.

[3] 陈翌，尤建新，薛奕曦，孔德洋. 面向电动汽车产业发展的政企合作博弈研究 [J]. 同济大学学报（自然科学版），2017，45（3）：440-446.

[4] 施泉生，刘晔，孙波. 上海地区发展电动汽车的综合效益分析 [J]. 中国电力，2014，47（11）：121-126.

[5] 任玉珑，李海锋，孙睿，关岭. 基于消费者视角的电动汽车全寿命周期成本模型及分析 [J]. 技术经济，2009，28（11）：54-58.

[6] 李慧琪. 纯电动汽车运营模式及经济性探讨 [J]. 科技管理研究，2007，27（7）：238-240.

[7] 滕耘，胡天军，卫振林. 电动汽车充电电价定价分析 [J]. 交通运输系统工程与信息，2008，8（3）：126-130.

[8] 王金南，邹首民，洪亚雄. 中国环境政策 [M]. 北京：中国环境科学出版社，2006.

[9] 周文杰. 纯电动物流车评价指标体系与评价模型 [J]. 上海汽车, 2016 (7): 51-55.

[10] 程大章. 智慧城市顶层设计导论 [M]. 北京：科学出版社, 2012.

[11] Hirsch, W.Z. 城市经济学 [M]. 北京：中国社会科学出版社, 1990.

[12] Robert G. Hollands. Will the Real Smart City Please Stand Up?: Intelligent, Progressive Or Entrepreneurial？[J]. City: Analysis of urban trends, culture, theory, policy, action, 2008, 12 (3): 303-320.

[13] 康岩鑫. 推广新能源车的应用分析 [J]. 科技创新导报, 2016 (20): 53-54.

第 7 章

城市绿色智慧物流发展政策研究

••••••••

城市绿色智慧物流的发展，离不开政府的引导和具体政策上的支持，主要体现在制定其发展战略、规划、标准，出台引导激励政策，发现并总结推广好的创新模式和经验做法。本章通过分析城市绿色智慧物流政策现状，并借鉴国外在发展城市物流时出台的相关政策，提出针对我国城市绿色智慧物流发展的政策建议，推动城市物流向绿色化、智慧化的方向快速发展。

7.1 城市绿色智慧物流相关政策现状分析

目前国内基于传统城市物流模式发展起来的政策体系，在城市物流企业管理、城市物流车辆管理、基础设施配套建设等方面相对完善。但在面对当前环境压力大与市场竞争激烈的情形下，城市物流绿色化、智慧化创新方向上的扶持政策存在明显不足，包括电动物流车推广、协同配送发展推进、物流新技术推广应用等方面。

本节首先分析了城市绿色智慧物流发展政策环境，从宏观上了解其发展前景；其次从现行相关政策寻找政府扶持推动切入点；最后通过分析现行政策的不足，提出尚需完善的配套政策，把握政策建议的方向。

7.1.1 城市绿色智慧物流发展政策环境

城市绿色智慧物流发展面临的政策环境是指在其发展过程中相关政策生成、运行、发生作用的过程中一切条件的总和。结合城市绿色智慧物流发展现状与未来发展趋势，本部分从面临的挑战、机遇和存在的问题三个方面，分析我国城市绿色智慧物流发展政策环境。

当前我国城市物流发展挑战与机遇并存。在推动其绿色化、智慧化进程中，政府在宏观上的合理规划对城市绿色智慧物流的发展具有很好的引导作用，但在具体政策落地实施的过程中还面临一系列挑战。政府在积极促进城市物流健康发展的同时，也遗留下许多问题，一定程度上阻碍了我国城市绿色智慧物流的快速发展。我国城市绿色智慧物流发展政策环境如图 7-1 所示。

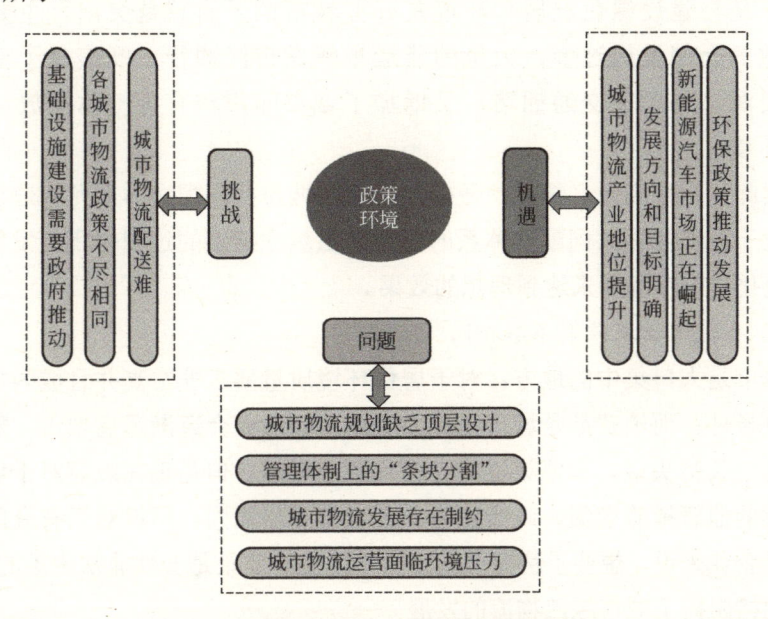

图 7-1 我国城市绿色智慧物流发展政策环境

1. 城市绿色智慧物流发展政策遇到的挑战

目前城市绿色智慧物流发展面临的城市物流配送难、各城市物流政策不尽相同、基础设施建设需要政府推动等挑战，是需要政府在推动城市绿色智慧物流发展过程中重点引导解决的难题，也是将来政策制定的主要方向。

1) 城市物流配送难

我国城市配送物流体系的建设和运营缺乏规范和管理，配送节点重复性建设，布局分散，物流资源浪费严重。同时与城市经济社会发展面临较为突出的矛盾：

一是与城市管理矛盾日益突出，主要表现在大量低效的货运车辆进城遇到了通行、停车限制，出现了"最后一公里通行难"的问题。

二是与新型流通业态发展不相适应的矛盾日益突出，主要表现在电子商务、连锁经营等新型流通业态的迅猛发展，使得多样化和个性化的物流配送需求越来越多，对物流配送的时效性和便捷性提出了更高的要求，现有的粗放低效配送服务难以提升配送服务质量。

三是与建设绿色宜居和环境友好型城市的矛盾日益突出，主要表现在零散的仓储设施过多，大量的货运车辆在市区通行。既浪费了土地等物流资源，加剧了交通拥堵，又增加了城市噪声和有害气体排放，严重污染环境。

因此，构建高效、绿色、便捷、智能的城市共同配送体系尤为迫切。物流行业一直在探寻共同配送体系的建设，虽然在探索的过程中我们发现有不少的变化，但实际并未达到理想的效果。

2) 各城市物流政策不尽相同

城市是人口集中的地方，对居住环境质量要求非常高并且成为物流的硬约束条件；而消费品是城市物流的主体，制造业会逐渐远离城市。随着电商配送增长势头猛，物流渠道将会替代商业渠道。但是现在政府对于城市物流行业的监管措施密集，政策繁多，各城市不尽相同，所以对于有全国网络的物流企业来说，想要了解每个城市的不同监管政策是一件非常困难的事情，这就间接阻碍了城市绿色物流的发展。

3) 基础设施建设需要政府推动

城市物流的发展，对基础设施的依赖性较强，而大多数物流基础设施项目具有投资大、建设期长、回收期长和利润率低等特征。由物流仓储设施设备、停车场、装卸平台、信息化等基础设施的建设而产生的高昂费用，是城市物流企业负担不起的。所以在基础设施建设阶段，政府除直接财政投资外，还要利用政策来引导市场机制充分发挥作用。

2. 城市绿色智慧物流发展政策机遇

随着电商物流、餐饮配送、商超配送的持续高速发展，城市物流在满足城市居民生产生活需求、维护城市功能正常运转、促进新兴服务产业发展等方面发挥了重要作用。政府对城市物流行业的重视程度空前提高，城市绿色智慧物流面临新的发展机遇。

1）城市物流产业地位提升

在经济持续增长和政策不断落实的推动下，我国城市物流业保持了较快增长，运行质量和效益明显提升。就我国当前的城市物流规模而言，城市物流行业总体规模已经达到了世界第三（第一为美国，第二为欧盟），作为保障城市经济社会正常运行的基础支撑，其在城市经济发展中的产业地位稳步提升。

2）发展方向和目标明确

国务院对物流业提出"标准化、信息化、智能化、集约化"的"四化"要求，使城市物流发展方向更加明确，通过城市配送车辆管控、协同配送和促进大数据、云计算、物联网等新兴技术的应用等措施，降低城市物流对环境的影响，优化配送路径，提高城市物流效率，并最终实现城市物流绿色化、智慧化。

3）新能源汽车市场正在崛起

交通运输部发布的《关于加快新能源汽车推广应用的实施意见（征求意见稿）》中明确指出2020年新能源城市物流配送车辆应达到5万辆。为贯彻落实这一目标，各地相继推出相关扶持政策，希望以新能源汽车的相关政策来推动新能源物流车市场发展。随着社会对城市物流行业环保、节能要求的不断提高，在政府强有力的扶持政策推动下，新能源物流车市场将具有很好的发展前景。

4）环保政策推动发展

新常态下，为推进环境保护政策措施的落实，探索代价小、效益好、排放低、可持续的环保新道路，政府要求城市物流企业更加自觉地推动绿色发展、循环发展、低碳发展，并出台相关政策推动城市绿色智慧物流发展。

3. 城市物流政策存在的问题

我国城市绿色智慧物流发展处于刚刚起步阶段，国家和地方政府关于城市绿色智慧物流政策的制定也处于摸索阶段。所以，在政策的制定和实施过程中还存在一些问题。

1）城市物流规划缺乏顶层设计

我国大部分城市在做城市物流规划时，缺乏一体化思维指导，各部门之间没有完成统筹协调，导致城市物流规划不科学，在基础设施建设上缺乏超前性、统一性，经常出现重复建设及资源利用不合理的现象，造成资源浪费。

2）管理体制上的"条块分割"

城市物流的关键在于系统化的管理，把仓储保管、装卸搬运、加工包装、配送服务统筹统管起来。而城市物流管理体制的"条块分割"，把物流的连续过程人为地分割，并归属不同部门管理，影响了城市物流的合理化、效率化等。

3）城市物流发展存在制约

一是城市物流配送车辆管理机制严格，对违法行为的惩罚力度大，导致许多城市物流车选择非法运营，造成不安全因素；二是我国多数城市对城市物流配送车采取简单的限制措施，对货车进行分时段、分路段限行，给城市物流活动带来不便；三是社会对城市物流行业的环保要求越来越高，导致城市物流企业增加了额外成本。

4）城市物流运营面临环境压力

城市物流运营面临来自自然环境和发展环境的双重压力。城市物流活动中许多环节都给城市环境带来负面影响，政府在协调物流发展与环境改善之间的关系时，往往以牺牲物流企业部分利益为代价，制定对环境保护更有利的政策措施。不仅如此，在物流市场竞争日趋激烈的形势下，城市物流企业面临的运营难题也进一步扩大。

7.1.2 城市绿色智慧物流现行政策

根据城市绿色智慧物流发展需要，政府陆续出台了关于城市物流、绿色物流和智慧物流发展的政策，依托城市配送车辆管理、城市物流企业管理和城市物流园区建设等措施，营造了较好的城市物流发展政策氛围。我国城市绿色智慧物流现行政策如表 7-1 所示。

表 7-1 我国城市绿色智慧物流现行政策

分类	对象	政策	文件编号	文件名称
城市物流	配套设施建设	新能源汽车主要向纯电驱动发展；更加重视充电基础设施建设	国办发〔2015〕73号	《关于加快电动汽车充电基础设施建设的指导意见》
	车辆管理	机动车通行证核发办法；各地根据具体情况，合理实施交通管制	交运发〔2013〕138号	《关于加强和改进城市配送管理工作的意见》
	排放标准	加强城市配送车辆环保方面的技术管理	交运发〔2014〕35号	《关于加强城市配送运输与车辆通行管理工作的通知》
	物流企业管理	提升一体化运作、网络化经营能力；提升信息化和供应链管理水平	国发〔2014〕42号	《物流业发展中长期规划（2014—2020年）》
绿色物流	绿色运输与配送	采用节能环保的技术、装备；降低物流业的总体能耗和污染物排放	国发〔2014〕42号	《物流业发展中长期规划（2014—2020年）》
	绿色包装	使用可循环使用、可降解或者可以无害化处理的包装物；避免过度包装	商流通函〔2014〕973号	《企业绿色采购指南（试行）》
	绿色仓储	支持传统仓储企业转型升级，向配送运营中心和第三方物流发展	商流通函〔2014〕790号	《关于促进商贸物流发展的实施意见》
	绿色流通加工	推广绿色采购，组织开展绿色流通、绿色供应链、绿色商场等试点工作	商流通函〔2015〕98号	《2015年流通业发展工作要点》
智慧物流	智能运输	加强城市配送车辆技术管理	国办发〔2011〕38号	《国务院办公厅关于促进物流业健康发展政策措施的意见》
	自动仓储	以自动化、信息化、标准化为方向，促进各类仓储企业健康发展，加快仓储业转型升级	商流通发〔2012〕435号	《关于促进仓储业转型升级的指导意见》
	动态配送	支持流通末端共同配送点和卸货点建设、改造；鼓励建设集配送、零售和便民服务等多功能于一体的物流配送终端	商流通发〔2012〕211号	《关于推进现代物流技术应用和共同配送工作的指导意见》

从表 7-1 中可以看出，国家出台的相关政策主要的服务对象有城市物流、绿色物流和智慧物流。其中，城市物流方面主要包括配套设施建设、车辆管理、排放标准和城市物流企业管理；绿色物流方面主要包括绿色运输与配送、绿色包装、绿色仓储和绿色流通加工；智慧物流方面主要包括智能运输、自动仓储和动态配送。

7.1.3 国家配套政策设想

随着近几年各大城市相继出台有利于城市物流发展的政策法规，现代城市物流经营和发展的政策环境明显改善。但从绿色化、智慧化发展目标来看，现行政策还不能形成一个完整的支撑体系，还需要在财政扶持政策、管制政策和行业政策方面加强和完善。

1. 财政扶持政策

一是财政补贴，通过对城市物流参与主体资金需求调查，主要针对城市物流企业、电动物流车生产商、第三方租赁平台运营公司和金融机构，确定其需要进行财政补贴的角度和力度。二是税收减免，应加强针对城市物流企业的独立核算功能，明确各参与主体可以享受的减税和免税政策。三是财政投资，主要针对配套设施、智慧仓库、智慧物流园区等基础设施建设。

2. 管制政策

管制政策主要对市场准入管制、价格管制、竞争管制和城市物流车辆管制等内容进行规划。市场准入管制包括经济条件的限制、技术条件的限制和总体数量的限制；价格管制方面，通过确定最优管制价格，达到既维护城市物流企业发展潜力，又保护消费者利益的目的；竞争管制方面，政府应积极促进城市物流企业之间的互助合作，避免恶性竞争；重点加强对城市物流车辆的管制，包括配送车辆标准化、通行管控、提高城市物流配送车辆的排放标准等措施。

3. 行业政策

积极运用政策扶持、财政贴息等措施，加大对基础设施建设的投入力度，从贷款、地价、税收、财政和其他优惠政策入手，切实支持智慧仓库、智慧物流园区的建设。同时，出台人才鼓励政策，提高城市物流从业人员素质。

7.2 国外政策案例分析

国外一些城市早就开始注重物流活动和环境保护之间的权衡，政府注重把绿色物流的理念引入城市物流规划中。除此之外，一些发达国家也在提升物流效率、降低物流成本上进行了深入研究。它们在城市绿色智慧物流发展方面的经验，值得我们借鉴。

本节主要介绍了日本在新能源汽车推广和发展协同配送方面的相关政策，探讨了欧洲国家新能源汽车政策以及欧洲关于城市货运相关政策对我国城市物流发展政策制定的启发。

7.2.1 日本关于城市绿色智慧物流相关政策

随着日本高附加值产品的市场需求不断扩大，物流结构发生了很大的变化。随着小频度、大批量、少批次的传统物流向多频度、小批量、多批次的敏捷式物流转换，卡车运输比例不断增加，由此造成交通负担日益加重、社会生态环境开始恶化、道路拥堵、出行困难、能源消耗增加。为了解决物流发展引发的环境问题，日本开始建立绿色物流的体系，通过各项绿色物流体系的建设，日本物流业所造成的环境污染得到了一定程度的控制，并实现了可持续发展。

日本政府对绿色物流业除了具体规划和强大的资金支持外，还非常注重为绿色物流业发展提供良好的制度保障。通过制定一系列政策来控制物流污染，并加大政府部门的监管和控制作用，如表7-2所示。

表7-2 日本城市绿色物流相关政策

时间（年）	政策	相关内容
1966	《流通业务城市街道整备法》	鼓励集中在大城市中心的流通设施向外搬迁，提高大城市流通机能及使道路交通流畅
1990	《货物汽车运输事业法》《货物托运事业法》	规范汽车运输业的行为

续表

时间（年）	政策	相关内容
1992	《汽车 CO_2 限制法》	规定了允许企业使用的五种货车车型，在大城市特定区强制推行排污标准较低的货车允许行驶的规制
1992	《能源保护和促进回收法》	解决绿色包装的问题
1997	《京都议定书》	解决汽车 CO_2 排放超量问题
1997—2013	《综合物流实施大纲》	将绿色物流作为整个经济运行的重要内容加以考虑

日本提出的综合物流实施大纲提出进一步降低环境压力，强调从减少物流的环境压力着手，进一步推动日本物流的效率化。日本针对环境保护问题制定的城市绿色智慧物流相关政策措施包括：加强尾气排放管理措施，开发和普及低公害车的使用；推进运输方式转换，推动共同配送；成立绿色物流专业委员会，制定 CO_2 排放量计算标准；降低运输车辆单位能耗；设立绿色环保税制度，促进低油耗车辆的使用。

1. 建立绿色物流体系

日本相继出台了一些实施绿色物流的具体目标值，来降低物流对环境造成的影响，包括通过控制货物的托盘使用率、货物在停留场所的滞留时间等。日本先后提出了三项绿色物流推进目标，即含氮化合物（NO_x）排除标准降低30%，颗粒物（PM）排出降低60%，汽油中的硫成分降低10%。

为了推进物流效率化，日本成立了支援合作项目"绿色物流合作会议"，采用发送补助金、制定 CO_2 放量计算方法，增进货主、物流企业间的协调合作。另外，为了推进绿色物流企业合作事业，日本制定了引导城市内物流效率化的"城市内物流整体方案"，力求通过促进物流网点设施的综合化及流通业务的效率化，降低环境负荷、提供地区发展新动能。

2. 推进协同配送发展

日本是较早开展协同配送的国家之一，政府组织顶级物流研究与咨询专家，以协同配送理念为核心，以单元化技术为支撑，通过货运班车、小集装箱配送系统、物流包裹终端智能自提系统等技术手段，提出城市物流配送项目计划。该项目可以在确保配送服务的基础上，减少物流配送终端 85%的汽车运输，从而大幅度降低车辆进城的 CO_2 排放。在政府行为的引导下，企业在物流配送实践中不断发展，探索出了不同行业不同产品的协同配送模式。

3．加强具体管理措施

为全面实现绿色物流，日本发布了一系列管理措施。具体包括优化产业布局、优化物流流程、推进绿色包装、物流节点的优化、托盘循环使用系统、推进仓库节能发电、加快公共配送中心的建设、发展综合运输及多式联运、公共信息平台建设、推广节能车辆的使用、建立废旧家电及废旧汽车回收系统、建立绿色物流企业联盟、推进物流标准化的建设、实施绿色物流税收政策、建立地下物流系统、推进共同运输配送、推进物流跟踪系统等。

7.2.2 欧洲关于城市绿色智慧物流相关政策

欧洲是世界上最早发展绿色物流的地区之一，在欧洲，各个国家都非常重视对环境的保护，尽力降低 CO_2 排放量和实施具有环保功能的物流解决方案。欧盟组织采取了一系列协调政策与措施，来提高欧洲各国之间频繁的物流活动的效率，大力促进物流体系的标准化、共享化和通用化，以节约资源。

此外，欧盟及欧洲各国也出台了很多与绿色物流相关的政策法规推进各国绿色物流的发展（见表 7-3）。

表 7-3 欧洲国家绿色智慧物流政策

分类	对象	政策	相关内容
逆向物流	欧洲	《标准回收法》	发展逆向物流，明确规定回收产品包括多个行业的多种产品，如家电、IT 类产品、汽车及零部件、电池等
	德国	《旧汽车法》	规定汽车生产商和进口商均有责任和义务对车辆的回收和报废负责
绿色物流	德国	《包装废弃物处理》《循环经济法和垃圾法》	改进 "PVC" 材料为 "PEL" 材料，并要求其 80%再回收利用；谁污染谁付费
	法国	《包装法》《包装废弃物运输法》	推进使用可降解包装袋，以减少包装垃圾

1．发展绿色智能的城市货运

欧洲国家强调城市物流企业应高度重视环境保护和生态平衡，尽力降低

CO_2 排放量和实施具有环保功能的物流解决方案。《欧盟交通绿皮书》是关于欧盟城市交通管理的主要文件，其中对城市货运发展提出了四点要求。

1）客货运协同发展

城市各政府部门制定的城市运输政策必须涵盖客运和货运两部分，作为一个统一的运输系统来考虑。货运交通与客运交通是城市交通的两大组成部分，城市货运交通的正常运转更是城市经济社会活动赖以生存的基本条件，所以在制定城市交通规划政策时，不能侧重于客运交通而忽视了货运交通。

2）优化配送过程

城市配送需要与干线运输有机结合，采用小型、高效、清洁汽车，按照合理规划的配送路线行驶，避免不必要的空驶和停车。运用一些数量化的方法及运输技术来优化配送工作，以低成本、高效率地完成配送任务。城市货运设施的社会化、集约化运作是提高设施使用效率的有效方法。

3）纳入行政管理

在规划城市物流时，往往会对城市幅面地域进行划分，规划运输路线和运输区域，需要考虑对城市功能的影响。所以，把城市货运的发展纳入城市行政管理，有利于城市规划协调发展，便于逐步完善城市货运体系。

4）推动货物运输可持续发展

为了提高效率，在欧洲实行物流一体化和货物运输的可持续发展。优化运输结构，发展绿色运输。推广使用节能和新能源汽车，促进社会低碳交通选择。开展共同配送，提高车辆满载率和资源利用率。

2. 循环使用包装品和废品

目前德国大部分物流集团和相关服务公司均在积极开发"生态物流概念"，其主要参与者是汽车制造商和汽车零部件供应商，从产品始发地到终点客户的全程中，按照相关环保法律法规严格实施包装品和废品管理，主要目标任务就是鼓励使用经久耐用和环保功能优异的集装箱设备。在整个过程中，需要加大投入，保护生态环境免遭破坏，严禁使用容易造成环境污染的托盘和包装材料，促进木材、纸张和金属等包装材料循环使用和废品及时回收再生，减少 CO_2 等温室气体的排放。

3. 坚持保护生态

欧洲物流企业还积极提倡 CO_2 减排的交通运输模式，不断扩大使用电动车辆，减少内燃机车辆；扩大 CO_2 温室气体排放量透明度，进一步提高物流效率，减少环境污染风险。

借鉴欧洲关于城市货运相关政策，改善我国城市物流发展过程中政策方面存在的问题。将城市物流规划纳入城市行政管理，弥补城市物流规划缺乏顶层设计造成的资源浪费；客货运协同发展的要求，则对应我国城市物流发展存在车辆路权方面的制约；推动货物运输可持续发展政策，将成为我国城市物流发展面临环境压力下的发展趋势与竞争制高点。

7.3 城市绿色智慧物流发展政策设想与建议

为了促进城市绿色智慧物流发展，在现代城市物流发展宏观政策环境明显改善的情况下，政府应完善相关政策，促使各相关利益主体积极、主动地参与到城市绿色智慧物流发展模式中。主要从财政扶持政策、车辆管控政策、行业协同政策、基础设施政策、技术支持政策和环境保护政策六个方面提供城市绿色智慧物流发展政策建议，引导、促进、保障城市绿色智慧物流健康快速发展。城市绿色智慧物流发展政策建议如图 7-2 所示。

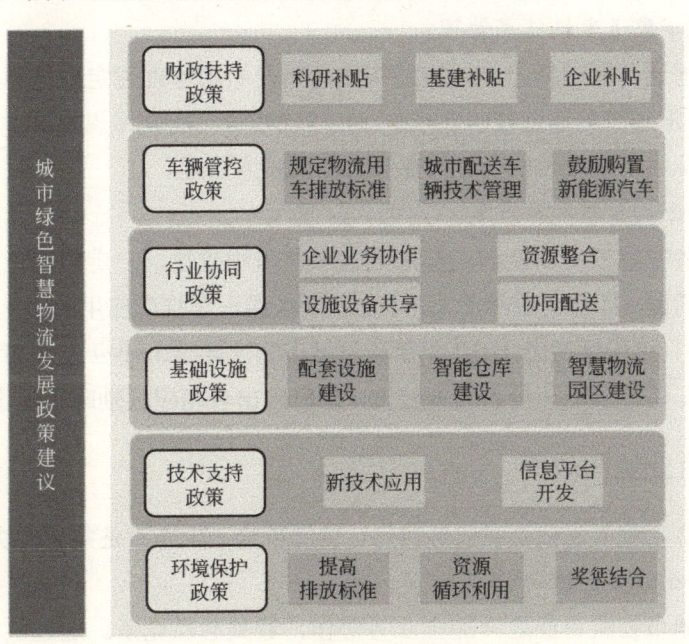

图 7-2　城市绿色智慧物流发展政策建议

1. 财政扶持政策

政府应重视对绿色智慧物流理论和技术的研究及应用,资助相关科研机构,通过推动科研机构与企业的合作来促进科研成果的应用,使行业获得全球竞争优势。此外,政府还应针对安全和环境对基础设施及装备的建设给予相应的补贴;针对开发绿色物流和智慧物流的机构和企业提供更多的财政及政策的支持,使城市物流与绿色物流、智慧物流和谐、快速发展。

2. 车辆管控政策

车辆管理对城市物流绿色化、智能化发展有重要意义。通过规定物流用车排放标准,加强城市配送车辆技术管理和鼓励购置新能源汽车等车辆管控政策措施的实施,加快构建服务规范、方便快捷、畅通高效、保障有力的城市物流体系。

1)规定物流用车排放标准

各城市都应提升车辆排放标准,目前北京已经实施国五排放标准,全国开始实施国四排放标准,许多汽车企业已经开始准备国六排放标准的产品,政府应全面规定车用燃油标准,使全国都应达到国五排放标准。

2)城市配送车辆技术管理

城市配送车辆应当符合《道路货物运输及站场管理规定》的相关要求和《城市物流配送汽车选型技术要求》(GB/T 29912)的具体规定,进一步加强城市配送车辆车型及其安全、环保等方面的技术管理。

3)鼓励购置新能源汽车

全国各省市推出新能源汽车的购置相关鼓励政策,一定程度上解决污染和节能的问题。目前交通部在《关于加快新能源汽车推广应用的实施意见(征求意见稿)》中明确指出 2020 年新能源城市物流配送车辆应达 5 万辆。由于新能源汽车购置成本和投入成本较大,政府应出台相应鼓励政策促进其发展。

3. 行业协同政策

行业协同政策包括企业业务协作、资源整合、设施设备共享和协同配送。

1)企业业务协作

引导城市物流企业之间加强业务协作,避免恶性竞争。通过利用彼此信息网络和业务受理网点等方式,实现企业之间业务协作,降低经营成本,防范业务风险。同时做好城市物流企业之间的经验交流，共同促进城市绿色智慧物流健康发展。

2）资源整合

引导并提供资金支持建设城市物流企业间统一配送中心，通过资源整合，优化配送路径，提高城市物流效率，降低城市物流配送车辆空驶率，避免资源浪费。

3）设施设备共享

引导城市物流企业科学配置设施设备，通过城市物流企业共同出资建立配送中心、配送机械等设施设备，既节省投资费用，又能提高配送运输效率，达到城市物流企业间的"双赢"或"多赢"的目的。

4）协同配送

出资推动仓储物流合作平台建设、协同配送公共信息服务平台建设和集散中心的建设，通过产业园区的模式来对企业物流提供支持。同时推动建设国家级集散中心，通过运力整合来控制城市配送成本。这是一种长期性的投资行为，将对城市物流企业开展协同配送起到良好的推动作用。

4．基础设施政策

1）配套设施建设

从贷款、地价、税收、财政补贴和其他优惠措施入手，推动城市绿色智慧物流的建设及城市物流配套设施的建设。

2）智能仓库建设

设立专项资金，研究给予智能仓库建设发展资金扶持。鼓励发展自动化物流仓储中心，支持企业利用信息化手段，将订单运营、分拣加工、客户服务等功能进行整合，建立智慧化仓库管理信息系统。利用二维码、无线射频识别等感知技术，提高货物信息在仓库管理流程中数据录入的效率和准确性，确保企业及时、准确地掌握货物流转情况，合理保持和控制企业库存。

3）智慧物流园区建设

按市场需求科学规划、有序建设信息化创新能力较强的城市智慧物流园区。鼓励智慧型物流企业落户园区，通过信息化手段，统一园区内部管理和对外合作，建设服务于园区内外的电子商务平台和信息管理系统，实现公共管理和服务智能化。

5. 技术支持政策

1）新技术应用

鼓励城市物流企业在仓储、分拣、包装、配送等各环节采用先进适用的物流装备设施，提高作业自动化水平。积极推进车辆追踪技术、货物追踪技术、大数据服务等新技术运用。建立物流技术创新体制。鼓励企业技术改造和新技术研发推广，支持对重点领域关键技术的联合攻关。

2）信息平台开发

支持通过物流信息服务平台，集聚整合城市物流供需资源，为用户提供采购、交易、运作、跟踪、管理和结算等全流程服务，加强平台间互联互通。同时加强物流信息化知识产权保护。

6. 环境保护政策

1）提高排放标准

制定更严格的城市物流用车排放标准，并加大对排放超标车辆的惩罚力度，设立绿色环保税制度，迫使城市物流企业选择零污染的新能源汽车，更换掉污染严重的燃油车辆。

2）资源循环利用

重点解决目前电子商务物流、餐饮配送、商超配送包裹包装的浪费与垃圾污染，推动网络零售可循环包装，避免浪费和环境污染，通过财政补贴等措施建立标准托盘共用系统，通过可循环使用的物流便利箱取代纸箱进行配送。

3）奖惩结合

制定优惠政策鼓励企业绿色生产、绿色经营。对主动采用绿色包装、新能源汽车、建设仓库新能源照明系统的城市物流企业予以资金奖励，树立行业标杆，督促其他企业效仿其先进环保理念。同时，制定惩罚标准，对资源浪费严重、污染排放严重的企业施以适当的惩罚，监督企业按照国家相关环保政策规范自身物流活动。

参 考 文 献

[1] 辜胜阻，杨建武，刘江日. 当前我国智慧城市建设中的问题与对策 [J]. 中国软科学，

2013（1）：6-12.

[2] 张楠，陈雪燕，宋刚. 中国智慧城市发展关键问题的实证研究 [J]. 城市发展研究，2015（6）：27-33.

[3] 交通运输部关于加快推进新能源汽车在交通运输行业推广应用的实施意见 [J]. 城市公共交通，2015（4）：I0002-I0004.

[4] Birchall J. Giants of the Road in Drive to Be Green Wal-Mart Follows Fedex in Turning to Hybrid Power for Its Fleet [J]. The Financial Times，2006，19（7）：19.

[5] Timmers P. Business Models for Electronic Markets [J]. Electronic Markets，1998，8（2）：3-8.

[6] 王宇宁，姚磊，王艳丽. 国外电动汽车的发展战略 [J]. 汽车工业研究，2005（9）：35-40.

[7] 胡树华，杨威. 我国电动汽车产业化战略分析 [J]. 北京汽车，2004（3）：20-25.

[8] 胡斌祥，余慧，郭亮，向忠柱. 我国电动汽车商业化运行中的政府行为研究 [J]. 上海汽车，2007（1）：15-18.

[9] 罗文丽. 纯电动物流车北京启程 [J]. 中国物流与采购，2013（10）：32-34.

[10] 文丽青，马丁. 我国智慧物流与综合交通运输协同发展研究 [J]. 物流技术，2015，34（3）.

[11] 陈颖，黄子强，温婉虹. 目前我国智慧城市发展的"瓶颈"及其对策探索 [J]. 市场周刊，2014（2）：76-77.

[12] 王继祥，王新霞. 物联网技术在物流业应用现状与发展前景调研报告 [R]. 2010.

[13] 欧国立. 三维（FSO）综合交通运输理论阐释 [A]. 运输经济与物流评论 [C]. 北京：经济科学出版社，2010.

[14] 陈伟. 中外智慧物流发展的差异比较及经验借鉴 [J]. 对外经贸实务，2016（6）：86-89.

[15] 张贵炜，马丽艳，谷凯萱. 河北省智慧城市与智慧物流发展探讨 [J]. 合作经济与科技，2016（10）：57-58.

[16] 陈柳钦. 智慧城市：全球城市发展新热点 [J]. 青岛科技大学学报（社会科学版），2011，27（1）：8-16.

[17] 李玉瑾. 浅谈共享经济下物流终端配送模式发展 [J]. 黑龙江科技信息，2016（31）：284.